附着式脚手架操作工安全技术和安全管理应用教程

杨俊卿　主编

中国建筑工业出版社

图书在版编目（CIP）数据

附着式脚手架操作工安全技术和安全管理应用教程/
杨俊卿主编. —北京：中国建筑工业出版社，2022.11
ISBN 978-7-112-28012-4

Ⅰ. ①附… Ⅱ. ①杨… Ⅲ. ①附着式脚手架-操作-
安全技术-教材 Ⅳ. ①TU731.2

中国版本图书馆CIP数据核字（2022）第178577号

附着式升降脚手架是一种高层建筑施工用的外脚手架，为高
空作业人员提供施工操作平台，也为建筑施工提供外围安全防护，
能够沿建筑结构标准层逐层爬升或下降。它具有良好的经济效益
和社会效益，已在高层建筑施工中广泛采用。本书是附着式脚手
架操作安全技术和安全管理的应用教程，适合相关技术人员、管
理人员、操作人员、安全管理人员阅读使用。

责任编辑：段　宁　张伯熙
责任校对：孙　莹

附着式脚手架操作工安全技术和安全管理应用教程
杨俊卿　主编
*
中国建筑工业出版社出版、发行（北京海淀三里河路9号）
各地新华书店、建筑书店经销
霸州市顺浩图文科技发展有限公司制版
北京中科印刷有限公司印刷
*
开本：850毫米×1168毫米　1/32　印张：4⅜　字数：122千字
2023年2月第一版　　2023年2月第一次印刷
定价：18.00元
ISBN 978-7-112-28012-4
（40090）

本书编写委员会

主　　　编：杨俊卿

副　主　编：汤　剑　杨廷君　汤笑笑　彭　辉

编写人员：罗俊生　汤　萍　吴修隐　马　欣　李章洪
　　　　　　张永青

审核人员：程小进　刘志刚　李石生　谢家学　陈裔春
　　　　　　江炉平

组织编写单位：无锡市建机协会装修高空机械分会
　　　　　　　无锡驰恒建设有限公司

参编单位：江西志特新材料股份有限公司
　　　　　　无锡六点机械集团有限公司
　　　　　　江苏安科检测有限公司

前　　言

本教程依据《建筑施工工具式脚手架安全技术规范》JGJ 202—2010 和《建筑施工用附着式升降作业安全防护平台》JG/T 546—2019 编写。主要内容有附着式升降脚手架简介、基本构造，附着式升降脚手架安全技术要求；附着式升降脚手架安装、升降和拆卸；安全技术操作规程；附着式升降脚手架检验和维护保养、常见同步控制系统组成、故障原因、处置方法；附着式升降脚手架架子工技能测试题等内容。

本教程可指导建筑企业实施和完善安全生产，是企业管理人员及相关人员的重要参考书，也可作为相关人员培训教材，对宣传普及安全文化知识、促进安全生产将会起到积极作用。

本教程在编写过程中，难免会出现错误和不足之处，真诚地希望广大同行和读者提出宝贵意见，给予批评指正。

2022 年 7 月

目 录

第一章　职业道德与安全基础教育

第一节　职业道德的概念

1. 职业道德的基本知识

职业道德是指所有从业人员在职业活动中应该遵循的行为准则，是一定职业范围内的特殊道德要求，即整个社会对从业人员的职业观念、职业态度、职业技能、职业纪律和职业作风等方面的行为标准和要求。

职业道德是随着社会分工的发展并出现相对固定的职业集团时产生的，人们的职业生活实践是职业道德产生的基础。特定的职业不但要求人们具备特定的知识和技能，而且要求人们具备特定的道德观念、情感和品质。为了维护职业利益和信誉，适应社会的需要，在职业实践中，根据一般社会道德的基本要求，逐渐形成了职业道德规范。

职业道德是对从事这个职业所有人员的普遍要求，它不仅是所有从业人员在其职业活动中行为的具体表现，也是本职业对社会所负的道德责任与义务，是社会公德在职业生活中的具体化。每名从业人员，无论从事哪种职业，在职业活动中都要遵守职业道德，如现代中国社会中教师要遵守教书育人、为人师表的职业道德，医生要遵守救死扶伤的职业道德，企业经营者要遵守诚实守信、公平竞争、合法经营的职业道德等。

具体来讲，职业道德的含义主要包括以下八个方面：

（1）职业道德是一种职业规范，受社会普遍的认可。

（2）职业道德是长期以来自然形成的。

（3）职业道德没有确定的形式，通常体现为观念、习惯、信念等。

（4）职业道德依靠文化、内心信念和习惯，通过职工的自律来实现。

（5）职业道德大多没有实质的约束力和强制力。

（6）职业道德的主要内容是对职业人员所承担的责任和义务的要求。

（7）职业道德标准多元化，代表了不同企业可能具有不同的价值观。

（8）职业道德承载着企业文化和凝聚力，影响深远。

2. 职业道德的基本特征

职业道德是从业人员在一定的职业活动中应遵循的、具有自身职业特征的道德要求和行为规范。职业道德具有以下七个特点：

（1）普遍性。

（2）行业性。

（3）继承性。

（4）实践性。

（5）多样性。

（6）自律性。

（7）他律性。

3. 职业道德的主要作用

（1）加强职业道德是提高职业人员责任心的重要途径。

（2）加强职业道德是促进企业和谐发展的迫切要求。

（3）加强职业道德是提高企业竞争力的必要措施。

（4）加强职业道德是个人健康发展的基本保障。

（5）加强职业道德是提高全社会道德水平的重要手段。

第二节　建设行业职业道德建设

1. 加强职业道德建设

加强职业道德建设，激发人们形成善良的职业道德意愿、道德情感，培育正确的职业道德判断和职业道德责任，提高职业道德实践能力，引导人们向往和追求讲道德、尊道德、守道德的生活。对于各个行业来说，就是要加强职业道德建设，形成向上的力量、向善的力量。

2. 建设行业是社会主义现代化建设中的一个十分重要的行业

（1）建筑业职业道德建设的行业特点

建筑行业中，专业多、岗位多、从业人员多且文化程度普遍较低、综合素质相对不高；工作条件艰苦，任务繁重，工人经常露天作业、高空作业，常年日晒雨淋，生产、生活场所条件简陋，安全设施落后，作业存在安全隐患，安全事故频发；施工涉及面大，人员流动性强，工人难以接受长期定点的培训教育；工种之间联系紧密，各专业、各工种、各岗位前后延续共同完成工程的建设；具有较强的社会性，一座建筑物凝聚了多方面的努力，体现了其社会价值和经济价值。同时，随着国民经济的发展，建筑业地位和作用也越来越重要，行业发展关乎国计民生。因此，有必要对从业人员开展及时的和形式灵活多样的教育培训，提高他们的道德素质、文化水平、专业知识和职业技能；结合行业特点，加强团结协作教育、服务意识教育和职业道德教育，严谨务实，艰苦奋斗、多出精品优质工程，体现其社会价值和经济价值尤为重要。

（2）建筑业职业道德建设的行业现实

一个建筑物的诞生或一项工程的竣工需要有良好的设计、周密的施工、合格的建筑材料和严格的检验与监督。近几年来，建筑设计结构不合理，计算偏差，不考虑相关因素，为施工埋下重大隐患；施工过程中秩序混乱；建筑材料伪劣产品层出不穷；金钱、人情关系扰乱工程安全质量监督，质量安全事故屡见不鲜。作为百年大计的工程建设产品，如果质量差，造成的损失和危害将无法估量。造成这些问题的因素有很多，道德因素就是其中非常重要的因素之一。再如，面对激烈的市场竞争，一些建筑企业为了拿到工程项目，使用各种手段，其中之一就是盲目压价，用根本无法完成工程的价格去投标。中标后就在设计、施工、材料等方面做文章，聘用非法设计人员做设计，在施工中偷工减料，购买低价伪劣的建筑材料，最终使建筑物的"百年大计"大打折扣。因此，大力加强建筑业职业道德建设，营造市场良好环境，经济效益和社会效益并重尤为紧迫。

3. 建设行业职业道德要求

根据建设部于1997年发布的《建筑业从业人员职业道德规范（试行）》，对建筑从业人员需要共同遵守的职业道德进行了规范。大致可总结为以下几点：

（1）热爱事业，尽职尽责

热爱建筑事业，安心本职工作，树立职业责任感和荣誉感，发扬主人翁精神，尽职尽责，在生产中不怕苦，勤勤恳恳，努力完成任务。

（2）努力学习，苦练硬功

努力学文化，学知识，刻苦钻研技术，熟练掌握本工种的基本技能，练就一身过硬本领。努力学习和运用先进的施工方法，钻研建筑新技术、新工艺、新材料。

（3）精心施工，确保质量

树立"百年大计、质量第一"的思想，按设计图纸和技术规范精心操作，确保工程质量，用优良的成绩树立建筑行业的形象。

（4）安全生产，文明施工

树立安全生产意识，严格安全操作规程，杜绝一切违章作业现象，确保安全生产无事故。维护施工现场整洁，在争创安全文明标准化现场管理中做出贡献。

（5）节约材料，降低成本

发扬勤俭节约优良传统，在操作中珍惜一砖一木，合理使用材料，认真做好落手清、现场清，及时回收材料，努力降低工程成本。

（6）遵章守纪，维护公德

要争做文明员工，模范遵守各项规章制度，发扬团结互助精神，尽力为其他工种提供方便。

4. 特种作业人员职业道德核心内容

（1）安全第一

（2）诚实守信

（3）爱岗敬业

（4）钻研技术

（5）保护环境

第三节　安全基础教育

1. 安全教育制度

为保证安全生产，使施工现场作业人员能够熟悉和自觉遵守安全生产中的各项规章制度，避免发生安全事故，特制定本制度：

（1）凡新入场或调换工种的人员，上岗前必须进行安全教育培训，经考试合格后，方可入场操作。

（2）特种作业人员应参加主管部门举办的培训班，经考试合格后，持证上岗。

（3）要结合工程实际情况，每月对作业人员进行一次安全专业知识教育培训。

（4）安全教育培训主要内容有：

1）贯彻国家关于安全生产的方针、政策、法规。

2）公司安全生产管理规定。

3）本工程（包括施工现场）安全生产制度、规定及安全注意事项。

4）各工种安全技术操作规程。

5）高处作业、机械设备、电气安全基础知识。

6）施工生产中危险区域和安全工作中的经验教训，以及预防措施。

7）防火、防毒、防尘、防爆及紧急情况安全防患与自救。

2. 安全教育和培训的重要性

安全教育和培训要体现全面、全员、全过程的原则，要覆盖施工现场的所有人员（包括分包单位人员），贯穿于从施工准备、工程施工到竣工交付的各个阶段和方面。通过动态控制，确保只有经过安全教育的人员才能上岗。

3. 教育和培训的目的

安全教育和培训的目的是使处于每一层次和职能的人员都认识到：

（1）遵守"安全第一、预防为主、综合治理"方针和工作程序，以及符合安全生产保证体系要求的重要性。

（2）与他们工作有关的重大安全风险，包括可能发生的影响，以及个人工作的改进可能带来的安全因素。

（3）人员执行"安全第一、预防为主、综合治理"方针和工作程序，以及实现安全生产保证体系要求方面的作用与职责，包括在应急准备方面的作用与职责。

（4）偏离规定的工作程序可能带来的后果。

第四节　公司级安全教育内容

公司级安全教育，其主要内容包括：国家和地方的有关安全生产方针、政策、法律、法规等，公司《建筑施工安全手册》，安全生产与劳动保护生产的目的，安全生产形势和近年来建筑企业发生的重大事故及应吸取的教训，发生事故后应采取什么措施等。

1. 国家和地方有关安全生产、劳动保护的方针、政策、法律、法规、标准规范及规章制度等

（1）我国安全生产的方针是"安全第一、预防为主"。"安全第一"就是要把安全工作始终放在首位，并作为头等大事来抓。

（2）我国安全工作管理的原则包括以下两点：

1）"管生产必须管安全"和"谁主管谁负责"的原则：它是企业管理安全工作的重要原则之一，体现了安全与生产的辩证关系，明确要求企业生产必须是安全生产，应坚持对安全生产工作进行计划、布置、检查、总结、评比。

2）"安全具有否决权"的原则：也就是说为保障职工安全健康，在生产与安全发生矛盾时，要首先保证安全，杜绝那种只顾生产，不重视安全、粗心大意、漫不经心的恶劣态度，有权拒绝不符合安全生产要求或违反规章制度的指挥、调度及安排。

（3）我国现行常用的安全法律、法规、国家行业安全标准有：

1）《中华人民共和国安全生产法》

2）《中华人民共和国建筑法》

3）《建设工程安全生产管理条例》

4）《生产安全事故报告和调查处理条例》

5）《建筑工程标准强制性条文》

6）《建筑施工安全检查标准》JGJ 59—2011

7）《建筑施工高处作业安全技术规范》JGJ 80—2016

8）《建筑施工扣件式钢管脚手架安全技术规范》JGJ 130—2011

9）《施工现场临时用电安全技术规范》JGJ 46—2005

10）《建筑施工安全技术统一规范》GB 50870—2013

11）《施工企业安全生产管理规范》GB 50656—2011

12）《建筑施工模板安全技术规范》JGJ 162—2008

13）《建筑施工作业劳动防护用品配备及使用标准》JGJ 184—2009

2. 公司的《建筑施工安全手册》

安全生产责任重于泰山。为了提高一线工人的安全意识，公司需结合施工特点，针对进城务工人员群体分散，施工现场流动性大，作业对象多变，时间周期不固定，辨别危险能力差等因素，编写通俗易懂的安全生产知识读本，主要内容应包括：建筑施工从业人员的权利和义务，建筑施工常用安全术语，常见事故及预防，消防与急救等。

3. 安全生产与保护工作的目的

国家、企业对劳动者在劳动生产过程中的生命安全和身体健康的保护，消除生产中的不安全、不卫生因素，防止伤亡事故和职业病的发生，从而保证生产的顺利进行和人员的安全与健康。

4. 安全生产形势和近年来建筑企业发生的重大事故及应吸取的教训

建筑企业必须加强安全教育和管理，加强安全防范措施，严格遵守各项操作规程，现场负责人、施工员、安全员和班组长应起带头模范作用，尽心尽责，做好上岗前的安全教育。"血的教训"告诉我们，在抓工程进度、质量的同时，要摆正效益与安全之间的关系，切实重视安全生产管理工作，认真执行"三查二反"（查思想侥幸麻痹心理、查放松安全管理、查规章制度的落实，反违章指挥、反违章作业）。领导应克服"三重三轻"思想，即重生产轻安全、重进度轻安全、重效益轻安全，牢牢树立"安全第一、预防为主"的指导思想和贯彻"管生产必须管安全"的原则，强化检查监督工作，发现隐患及时整改，健全制度，当生产与安全相矛盾时，应先抓安全。

5. 发生事故应采取的措施

事故现场处理有四个方面：

（1）事故发生后，应立即组织人员救护受伤害者，并采取有效防护措施防止事故蔓延扩大。

（2）认真保护事故现场，凡与事故有关的物体痕迹、状态不得被破坏。

（3）抢救受伤者需要移动现场某些物体时，必须做好现场标志。

（4）伤亡事故发生后，负伤者或事故现场有关人员应立即直接或逐级报告企业负责人。工伤事故的调查处理应遵守四个基本原则，也就是我们常说的"四不放过原则"：事故原因未查清楚不放过、事故责任人未受到处理不放过、事故责任人和相关人员及群众没有受到教育不放过、未采取防范措施不放过。其目的就是要认真分析事故原因，接受教训，采取相应措施，防止类似事故重复发生。

第五节　项目级安全教育内容

1. 事故形成机理

"事故"是由物的不安全状态和管理上的缺陷共同作用形成的，客观上一旦出现事故隐患，人在主观上又表现出不安全行为，就会导致事故的发生。

事故中包含人的不安全行为和物的不安全状态，但是造成"人失误"和"物故障"的直接原因是管理的缺陷，这也是事故发生的本质原因。

从事故的形成机理看，我们要保证安全生产，把事故伤亡率降下去，除必须依靠科学的安全管理和相应的安全技术措施外，还应广泛开展安全生产的宣传教育，使各级领导和广大职工群众真正认识到安全生产的重要性、必须性，懂得安全生产、文明施工的科学性，牢固树立"安全第一"的思想，自觉地遵守国家和企业各项安全生产法规、法令、各规章制度。

2. 施工现场一般安全管理规定

（1）参加本企业生产的工人应热爱本职工作，努力学习，提高政治、文化、业务水平和操作技能，积极参加安全生产的各种活动，提出改进安全工作的意见，搞好安全生产。

（2）遵守劳动纪律，服从领导和安全检查人员的指挥，工作时思想集中，坚守岗位，未经许可不得从事非本工种作业，严禁酒后上岗。

（3）参加施工的工人（包括学徒工、实习生、代培人员和进城务工人员）要熟知本工种的安全技术操作规程，并应严格执行操作规程，不得违章指挥和违章作业，对违章指挥的指令有权拒绝，并有责任制止他人违章作业。

（4）听从班组长和现场施工安全管理人员的指挥，服从分配，团结一致，共同完成好作业任务。

（5）特种作业人员（如电工、焊工、架子工、信号工、起重机司机等）必须经过专门培训，并经考试合格取得操作证后，才允许上岗独立操作。

（6）正确使用个人防护用品和安全防护措施，人员进入施工现场，必须戴好安全帽，禁止穿"三鞋"（拖鞋、高跟鞋、硬底鞋）或光脚上班，在没有防护设施的情况下进行高空、悬边和陡坡施工时，必须系好安全带，上下交叉作业有危险的出入口要有防护棚或其他隔离设施，距地面2m以上作业要有防护栏杆、挡板或安全网。安全帽、安全带、安全网要定期检查，对不符合要求的，严禁使用。

（7）施工现场的各种设施、临边防护、安全标志、警示牌、安全操作规程牌等，不得任意拆除或挪动。需移动时，必须经现场施工安全负责人同意。

（8）施工现场的洞、坑、沟、升降口等危险处，应有防护设施或明显安全标志。

（9）施工现场要有交通指示标志，交通频繁的交叉路口应有人员指挥，危险地区要悬挂"危险"或"禁止通行"标牌。场内的交通指示标志不得被随意拆除。在车辆来往及机械吊装处，夜间要设红灯示警。

（10）施工人员不得在施工作业地点开玩笑、打闹，以免发生事故。

（11）施工人员上岗前应检查工具是否完好，在高空作业中所携带的工具应放在工具袋内，随用随取。操作前检查操作地点或工作场所是否安全，道路是否畅通，防护措施是否完善。工作完成后应将所使用的工具收好，以免掉落伤人。

（12）遇有恶劣天气，风力在六级以上时，应停止高处露天作业。暴风雨过后，上岗前要检查操作地点的脚手架、防护栏等有无变形、歪斜、损坏。

（13）有高血压、心脏病、癫痫以及其他不适于在高处作业病症人员，不得从事高处作业。

（14）不得站在砖墙上或其他危险部位进行支模、砌墙、划线、刮缝等操作。

（15）现场材料堆放要整齐、稳固、成堆成垛。搬运材料、半成品等应由上而下逐层搬取，不得由下而上或由中间抽取。

（16）吊运零星材料应用吊笼，吊运砂浆应用料斗，料斗不得装得过满。

（17）用小推车运送材料，两车前后距离应大于 2m，在坡道上前后间距应大于 10m。

（18）人员如需进入安全网，必须事先检查安全网的质量，检查安全网支杆是否牢靠。在确认安全后，人员方可进入安全网清理。清理时，应一手抓住牢固的地方，一手清理杂物，禁止人站立在安全网上用双手清理杂物或往下抛掷杂物。清理杂物时，地面应设监护人、"禁止入内"标识，或在周边加设警示围栏。

（19）在建工程每层清理的建筑垃圾、余料应集中运至地面，禁止随便由高处往下抛掷，以免造成尘土飞扬和掉落物伤人。

（20）不准在临建板房、临时工棚内使用电炉、火炉、煤油炉、煤气灶、大功率电器。

（21）在易燃易爆场所工作，严禁明火、吸烟。

（22）消防器材、灭火器、消防铁锹、消防斧、沙袋等消防用具不得挪作他用或移动。

（23）现场电源开关、电线线路和各种机械设备，非操作人员不得操作使用，使用手持电动工具应穿戴好个人防护用品，电源线要架空。

（24）物料提升机严禁载人，若违章载人，将按有关规定罚款。

（25）起重机械在工作中，任何人不得从起重臂或吊物下通过。

（26）吊篮在运行中，任何人不得将头、手、身体等伸入吊篮内,吊篮升空后不得从吊篮下通过,吊篮未停稳前,任何人不得入吊篮内取物。

(27)砂浆机在运转时,机筒口的砂浆不准用铁锹、扫帚刮扫。砂浆机料口的防护棚要完好,不准站在砂浆机的防护棚上倒水泥,以防工具或脚进入砂浆机造成事故。

(28)混凝土搅拌机在运行中,任何人不得将手或工具伸入筒内扒料、出料。进料口升起时,严禁任何人在料斗下方停留或通过。作业人员如必须在料坑内清理,应将混凝土搅拌机的料斗升起,用铁链或保险销将搅拌机停住后方可在料斗的下方进行清理工作。

(29)夜间施工应有足够的灯光,照明灯具应架高使用。室内灯具离地面不低于 2.5m,室外灯具离地面不低于 3m,线路应架空,导线绝缘应良好。灯具不得挂或绑在金属构件上。

(30)做好女工在生理期、怀孕、生育和哺乳期间的保护工作。女工在怀孕期间对原工作不能胜任时,根据医生的证明,应调换轻便工作岗位。

3. 安全生产六大纪律

(1)人员进入现场必须戴好安全帽,扣好帽带,并正确使用个人劳动防护用品。

(2)工人在 2m 以上的高处、悬空作业,必须戴好安全带、扣好保险钩。

(3)高处作业时,不准往下或向上乱抛材料和工具等物件。

(4)各种电动机械设备必须有可靠、有效的安全接地和防雷装置,方能开动使用。

(5)不懂电气和机械的人员,严禁使用机电设备。

(6)吊装区域,非操作人员严禁入内,吊装机械必须完好,吊杆垂直下方不准站人。

4. 十项安全技术措施

(1)按规定使用安全"三宝"(安全帽、安全带、安全网)。

(2)机械设备防护装置一定要齐全有效。

（3）塔式起重机等起重设备必须有限位保险装置，不准"带病"运转，不准超负荷作业，不准在运转中维修保养。

（4）架设电线线路必须符合当地管理部门的规定，电气设备必须全部接零接地。

（5）电动机械和手持电动工具要设置漏电保护装置。

（6）脚手架材料及脚手架的搭设必须符合规范要求。

（7）各种缆风绳及其设置必须符合规范要求。

（8）在建工程的楼梯口、电梯口、预留洞口、通道口，必须有防护设施。

（9）人员严禁赤脚或穿高跟鞋、拖鞋进入施工现场，高空作业不准穿硬底和带钉易滑的鞋。

（10）施工现场悬边、陡坎等危险地区应设警戒标志，夜间要设红灯示警。

5. 起重吊装"十不吊"规定

（1）起重臂吊起的重物下面有人停留或行走时不准吊。

（2）起重指挥应由技术培训合格的持证专职人员担任，无指挥或信号不清不准吊。

（3）钢筋、型钢、管材等细长和多根物件必须捆扎牢靠，多点起吊。单头"千斤"或捆扎不牢靠不准吊。

（4）多孔板、积灰斗、手推翻斗车不用四点吊，大模板外挂板不用卸甲不准吊。预制钢筋混凝土楼板不准双拼吊。

（5）吊砌块必须使用安全可靠的砌块夹具，吊砖必须使用砖笼，并堆放整齐。扣件、螺栓、预埋件等零星物件要用容器堆放稳妥，叠放不齐不准吊。

（6）楼板、大梁等吊物上站人不准吊。

（7）埋入地面的板桩、井点管等有粘连、附着的物件不准吊。

（8）多机作业，应保证所吊重物距离不小于 3m，在同一轨道上多机作业，无安全措施不准吊。

（9）六级以上强风天气不准吊。

（10）斜拉重物或超过机械允许荷载不准吊。

6. 气割、电焊"十不烧"规定

（1）焊工必须持证上岗，无特种作业人员安全操作证的人员，不准进行焊、割作业。

（2）凡属一、二、三级动火范围的焊、割作业，未办理动火审批手续，不准进行焊、割作业。

（3）焊工不了解焊、割现场周围情况，不准进行焊、割作业。

（4）焊工不确认焊件内部（如易燃易爆管道、容器）是否安全时，不准进行焊、割作业。

（5）各种装过可燃气体、易燃液体和有毒物质的容器，未经彻底清洗、排除危险性之前，不准进行焊、割作业。

（6）用可燃材料作为保温层、冷却层、隔热设备的部位，或火星能飞溅到的地方，在未采取切实可靠的安全措施之前，不准进行焊、割作业。

（7）有压力或密闭的管道、容器，不准进行焊、割作业。

（8）焊、割部位附近易燃易爆物品，在未进行清理或未采取有效的安全措施之前，不准进行焊、割作业。

（9）附近有与明火作业相抵触的工种在作业时，不准进行焊、割作业。

（10）与外单位相连的施工部位，在没有弄清有无险情，或明知存在危险而未采取有效的措施之前，不准进行焊、割作业。

7. 施工现场主要事故类别，常见多发性事故的原因

（1）施工现场的事故类别主要表现为五大伤害

1）高处坠落。

2）物体打击。

3）触电事故。

4）坍塌事故。

5）机械伤害。

（2）常见多发性事故的原因

1）工人违章作业。

2）违章指挥。

3）随意损坏防护设施。

4）工人的安全意识不强，缺乏自我防护能力，思想麻痹大意。

8. 事故的预防措施

（1）一般要求

1）工人进入工地前必须认真学习，掌握本工种安全技术操作规程，接受安全知识教育和培训，经考核合格后方准进入施工现场操作。

2）特殊工种人员、机械操作工未经专门安全培训，无有效安全操作证，不得上岗操作。

3）施工作业环境和作业对象情况不清，施工前无安全措施或作业安全技术交底不清，不准操作。

4）新技术、新工艺、新设备、新材料、新岗位无安全措施，未对工人进行安全教育培训、安全技术交底，不准操作。

5）脚手架、吊篮、塔式起重机、物料提升机、外用人货电梯、起重机械、电焊机、钢筋机械、木工平刨、圆盘锯、搅拌机、电焊机、打桩机等设施设备和现浇混凝土模板支撑、外脚手架等搭设安装后，未经验收合格，不准操作。

6）作业场所安全防护措施不落实，安全隐患不排除，威胁人身和国家财产安全时，不准操作。

7）凡班组长以上或管理人员违章指挥，有冒险作业情况时，不准操作。

8）高处作业、带电作业、禁火区作业、易燃易爆作业、爆破性作业、有中毒或窒息危险的作业和科研实验等其他危险作业的，均应由上级批准，有安全技术交底，未经批准、无安全技术交底和无安全防护措施，不准操作。

9）隐患未排除，有自己伤害自己，自己伤害他人，自己被他人伤害的不安全因素存在时，不准操作。

（2）防止高处坠落、物体打击的基本安全要求

1）高处作业人员必须着装整齐，严禁穿硬底或易滑鞋、高跟鞋，工具应随手放入工具袋。

2）登高作业应从规定的爬道上下，严禁攀登脚手架、井字架或利用绳索上下，也不得攀登起重臂或随同运料的吊篮上下。

3）工人在高处或脚手架上行走，不要东张西望；工人在休息时，不要将身体靠在栏杆上，更不要坐在栏杆上休息，不准在脚手架上午休。

4）高处作业人员严禁相互打闹，以免失足发生坠落事故。在进行攀登作业时，攀登用具结构必须牢固可靠，使用必须正确。

5）各类手持机具在使用前应检查，确保安全牢靠。洞口临边作业应有防止物体坠落的措施。

6）进行悬空作业时，应设牢靠的立足点，并正确系挂安全带。现场应视具体情况配置防护栏、防护网或其他安全设施。

7）高处作业时，所有物料应堆放平稳，不可放置在临边或洞口附近，不可妨碍人员通行。不准往下或向上乱抛材料和工具等物件。

8）钢架板在使用前应检查有无断裂或缺少拼板，竹木架板在使用前要检查有无腐烂、断裂。

9）在外脚手架未搭设前，或在外墙没有任何防护的情况下，不得有外墙安装、支设模板、砌墙等作业。

10）脚手架、模板支架的防护栏杆、连墙件、剪刀撑以及其他防护设施，未经施工安全负责人同意，不得私自拆除、移动。如因施工需要必须经施工安全负责人的批准，方可拆除或移动，并采取补救措施，施工完毕或停歇时，要立即将其恢复原状。

11）高处拆除作业时，对拆卸下的物料、建筑垃圾都要清理，并及时运走，不得在走道上任意乱放或向下丢抛垃圾，要保持作业走道畅通。

12）各施工作业场所内，凡有坠落可能的任何物料，都应先

行撤除或对其加以固定。拆卸作业时，要在下方周围设置禁区，禁区应有人监护。

（3）为防止触电伤害，安全用电要做到"装得安全、拆得彻底、用得正确、修得及时"的基本要求。防止触电伤害的基本安全操作要求如下：

1）使用电气设备前，必须检查线路、插头、插座、漏电保护装置是否完好。

2）电气线路或机具发生故障时，应找电工处理，非电工严禁拆、接电气线路、插头、插座、电气设备、电灯、机具等。

3）使用手持电动机械或其他电动机械从事湿作业时，要由电工接好电源线，安装漏电保护器。操作者必须穿好绝缘鞋，戴好绝缘手套后再进行作业。

4）搬迁或移动电气设备必须先切断电源，搬运钢筋、钢管及其他金属物时，严禁触碰到电线。

5）禁止在电线上晒物料。

6）禁止使用碘钨灯等照明器烘烤、取暖，禁止使用电炉和其他电加热器烧水或做饭。

7）在架空输电线路附近作业时，应停止输电。不能停电时，应有隔离措施。要保持安全距离，防止触电。

8）电线必须架空，不得在地面、施工楼面随意乱拖电线。电线若必须通过地面、楼面时，应有安全保护，物料、车、人不准压、踏、碾磨电线。

（4）防止机械伤害的"一禁、二必须、三定、四不准"

1）不懂电器和机械的人员严禁使用机电设备。

2）机电设备应完好，必须有可靠有效的安全防护装置。

3）机电设备停电、停工休息时，必须拉闸关机，按要求上锁。

4）机电设备应做到定机管理、定人操作、定期检查保养。

5）机电设备不准"带病"运转。

6）机电设备不准超负荷运转。

7）机电设备不准在运转时进行维修保养。

8）机电设备在运转时，操作人员不准戴手套，或将头、手、身伸入运转的机械行程范围内。

第六节　班组三级安全教育内容

1. 土方工程安全交底

（1）挖土方

1）进入施工现场必须遵守施工现场安全生产纪律。

2）挖土中发现管道、电缆及其他埋设物应及时报告，不得擅自处理。

3）挖土时要注意土壁的稳定性，发现有裂缝及倾塌可能时，要立即撤离人员，并及时报告给现场负责人。

4）人工挖土，操作人员前后距离不应小于 2～3m，堆土要在 1m 以外，高度不得超过 1.5m。挖土应自上而下逐层挖掘，严禁采用掏洞的挖掘操作法。

5）每日或雨后必须检查土壁及支撑稳定情况，在确保安全的情况下继续工作，并且不得将土和其他物件堆在支撑上，人员不得在支撑下行走或站立。

6）机械挖土，启动机械前应检查离合器、钢丝绳等，经空车试运转正常后再开始作业。

7）机械操作中进铲不应过深，提升不应过猛。

8）机械不得在输电线路下工作，要在输电线路一侧工作。无论在任何情况下，机械的任何部位与架空输电线路的最近距离应符合安全操作规程要求。

9）机械应停在坚实的地基上，运土汽车不宜靠近基坑平行行驶，防止塌方翻车。

10）电缆两侧 1.0m 内应采用人工挖掘。

11）向汽车卸土应在车停稳后进行，禁止铲斗从汽车驾驶室上方越过。

12）基坑四周必须设置两道护栏。

13）在开挖深基坑时，必须设有切实可行的排水措施，以免基坑积水，影响基坑土稳定。

14）基坑开挖前，必须摸清基坑下的管线排列和地质情况。

15）清底人员必须根据设计标高做好清底工作，不得超挖。如果超挖，不得将松土回填，以免影响基础的质量。

16）开挖的土方，要严格按照施工组织设计要求堆放，不得堆于基坑外侧，以免土体位移、板桩位移或支撑被破坏。

17）挖土机械不得在施工中碰撞支撑，以免支撑被破坏或被损坏。

（2）回填土

1）工人进入现场必须遵守施工现场安全生产纪律。

2）装载机作业范围内不得有人工平整土地。

3）打夯机工作前，应检查电源线是否有漏电，机械运转是否正常，机械是否有漏电保护器（按一机一闸安装），机械不准"带病"运转，操作人员应戴绝缘手套。

4）应按回填的速度，按施工组织设计要求依次拆除基坑的支撑。

2. 钢筋班组安全生产教育内容

（1）每名工人都应自觉遵守国家法律、法规和公司及项目部的各种规章制度。

（2）钢材、半成品等应按规格、品种分别堆放整齐。制作场地要平整，操作台要稳固，照明灯具必须加防护网罩。

（3）拉直钢筋时卡头要卡牢，地锚要结实、牢固，拉直钢筋2m范围内禁止有人。人工拉直钢筋时，禁止工人用胸、肚接触推杆。松外钢筋要缓慢，不得一次松开。

（4）展开圆盘钢筋要一头卡牢，防止回弹。切断钢筋时，要先用脚踩牢钢筋。

（5）在高空、深坑绑扎钢筋和安装钢筋骨架，须搭设脚手架和马道。

（6）绑扎立柱、墙体钢筋时，工人不得站在钢筋骨架上或攀登骨架上下。柱筋长度在4m以下且重量不大时，可在地面或楼面上绑扎，柱筋长度在4m以上时应搭设工作台。柱、梁钢筋骨架应用临时支撑拉牢，以防倾倒。

（7）绑扎基础钢筋时，应按施工操作规程摆放钢筋支架，架起上部钢筋，不得任意减少支架或马凳。

（8）多人合运钢筋，起、落、转、停动作要一致，人工上下传送物品不得在同一垂直线上。钢筋堆放要分散、要稳当，防止倾倒和塌落。

（9）点焊、对焊钢筋时，焊接机应设在干燥的地方。焊接机要有防护罩并放置平稳、牢固，电源有漏电保护器，导线绝缘良好。

（10）电焊时，工人应戴防护眼镜和手套，并站在胶木板或木板上。电焊前，应先清除易燃易爆物品；停工时，确认无火源后，人员方准离开现场。

（11）钢筋切断机应运转正常，方准断料。手与刀口距离不得小于15cm。电源有漏电保护器，导线绝缘良好。

（12）切断长钢筋时，应有专人扶住钢筋，操作动作要一致，不得任意拖拉钢筋。切断钢筋时，工人要用套管或钳子夹料，不得用手送料。

（13）使用卷扬机拉直钢筋，地锚应牢固坚实，地面平整。钢丝绳最少保留三圈，操作时，不准有人跨越钢丝绳。作业时，如突然停电，工人应立即关闭控制开关。

（14）电动机外壳必须做好接地，一机一箱一保护，严禁把配电箱放倒在地面上。配电箱应放在1.5m高的地方，并有防雨措施。

（15）严禁操作人员在酒后进入现场作业。

（16）任何人进入施工现场都必须戴安全帽。

（17）班组如果因劳力不足需要再招新工人时，应事先向项目部报告。

（18）新工人进场后应先经过三级安全教育和安全交底，并经考试合格后方可正式上岗。

（19）新工人进场应有操作上岗证、身份证等证件。

3. 模板班组安全生产教育内容

（1）每名工人都应自觉遵守国家法律、法规和公司及项目部的各种规章制度。

（2）进入施工现场人员必须戴好安全帽，高处作业人员必须佩戴安全带，并应系牢。

（3）经医生检查认为不适宜高处作业的人员，不得进行高处作业。

（4）工作前，工人应先检查使用的工具是否牢固，扳手等工具必须用绳系在身上；钉子必须放在工具袋内，以免掉落伤人。工人工作时思想要集中，防止钉扎脚或从空中滑落。

（5）安装与拆除5m以上的模板，应搭脚手架，并设防护栏杆，防止人员在同一垂直面施工。

（6）高空、复杂结构模板的安装与拆除，事先应有可靠的安全措施。

（7）遇六级以上的大风时，应暂停室外的高处作业，雪、霜、雨后应先清扫施工现场，施工现场不滑时工人再进行工作。

（8）两人抬运模板时要互相配合、协同工作。运输模板、工具时，应用运输工具运输，不得乱抛。

（9）组合钢模板装拆时，上下应有人接应。钢模板及配件应随装拆、随运送，严禁从高处抛下。高空拆模板时，应有专人指挥，并在下方坠落半径区外加围栏，暂停人员过往。

（10）不得在脚手架上堆放大批模板等材料。

（11）支撑、牵杆等不得搭在门窗框和脚手架上。通路中间的斜撑、拉杆等应设在1.8m高以上位置。

（12）支模过程中，如需中途停歇，应将支撑、搭头、柱头板等钉牢。拆模板间歇，应将已活动的模板、牵杆、支撑等运走或妥善堆放。

（13）模板上有预留洞口，在安装后将洞口盖好。

（14）拆除模板一般用长撬棍，工人不许站在正在拆除的模板上。在拆除楼板的模板时，要注意整块模板是否掉下，尤其是用定型模板做平台模板时，更要注意。拆除人员要站在门窗洞口外拉支撑，防止模板突然掉下伤人。

（15）在组合钢模板上架设的电线和使用的电动工具，应用36V低压电源或采用其他安全措施。

（16）装拆模板时，禁止使用小楞木、钢模板作为立人板。

（17）高空作业要搭设脚手架或操作台，人员上、下要使用梯子，不准站立在墙上工作，不准在梁底模板上行走。作业人员严禁穿硬底及有跟鞋作业。

（18）装拆模板时，作业人员要站在安全地点操作，禁止人员在同一垂直面工作。作业人员要主动避让吊物，增强自我保护和相互保护的安全意识。

（19）模板必须一次性拆净，不得留有悬空模板。拆下的模板要及时清理，堆放整齐。

（20）在钢模板及机件垂直运输时，吊点必须符合要求，以防模板坠落。模板顶撑排列必须符合施工荷载要求，遇地下室吊装时，地下室顶板模板、支撑还需考虑大型机械运行的因素，支撑数必须符合荷载要求。

（21）拆模板时，临时脚手架必须牢固，不得用拆下的模板作为脚手板。脚手板搁置必须牢固平整，不得有空头板，以防人员踏空坠落。混凝土板上的预留孔，应在施工组织设计时就做好安全技术交底，以免作业人员从孔中坠落。

（22）封柱子模板时，不准从顶部往下套。

4. 混凝土班组安全生产教育内容

（1）每名工人都应自觉遵守国家法律、法规和公司及项目部的各种规章制度。

（2）铺设车道板时，板两头需搁置平稳，并用钉子固定。在车道板下面每隔1.5m加横楞、顶撑，2m以上的高空架道，必须装有防护栏杆。

（3）车道板上应经常清扫垃圾、石子。

（4）用塔式起重机、料斗浇筑混凝土时，指挥扶斗人员与塔式起重机驾驶员应密切配合。当塔式起重机放下料斗时，操作人员应主动避让，应随时注意料斗是否碰头，防止料斗碰人坠落。

（5）车道板单车行走宽不小于1.4m，双车来回行走宽不小于2.8m。

（6）在运料时，前后应保持一定的车距，不准奔走、抢道或超车。

（7）到终点卸料时，作业人员双手应扶牢车把卸料，严禁双手脱把，防止翻车伤人。

（8）离地面2m以上浇筑混凝土过梁、小平台，作业人员不准站在搭接头上操作。如无可靠的安全防护时，必须系好安全带，并扣好保险钩。

（9）使用振动机前应先检查电源电压，电源应有漏电保护开关，检查电源线路是否良好。

（10）电源线不得有接头，机械运转应正常。振动机移动时不能硬拉电线，更不能在钢筋和其他锐利物上拖拉，防止割破、拉断电线造成触电事故。

（11）井架吊篮起吊或放下时，必须关好井架安全门。人员头、手不准伸入井架内；待吊篮停稳，人员方可进入吊篮内工作。

（12）使用振动机的工人应戴绝缘手套，穿绝缘橡胶鞋。

（13）严禁作业人员酒后上班。

（14）所有的工人都不得从高处向下扔掷模板、工具等物体。

（15）在楼板临边倾倒混凝土浆时，应防止混凝土浆掉到外架伤人。

（16）每名工人进入施工现场都必须戴安全帽。

（17）班组如果因劳力不足需要再招新工人时，应事先向项目部报告。

（18）新工人进场后应先经过三级安全教育，安全技术交底，并经考试合格后方可持证上岗。

（19）新工人进场应具有上岗证、身份证。

5. 砌砖班组安全生产教育内容

（1）每名工人都应自觉遵守法律法规和公司及项目部的各种规章制度。

（2）在操作前必须检查操作环境是否符合安全要求，道路是否畅通，机具是否完好、牢固，安全设施和防护用品是否齐全，符合要求才可施工。

（3）砌基础时，应检查和经常注意基坑装设挡板支撑时有无崩裂现象。堆放砖块材料应离开坑边 1m 以上，当深基坑装设挡板支撑时，操作人员应沿梯子上下，不得攀跳；运料不得碰撞支撑，作业人员也不得踩踏砌体和支撑上下。

（4）墙身砌体高度超过地坪 1.2m 时，应搭设脚手架。在一层以上或高度超过 3m 时，脚手架必须支设安全网。采用外脚手架时，应设护身栏杆和挡脚板后方可砌筑。

（5）脚手架上堆料不得超过规定荷载，堆砖高不得超过三皮侧砖，一块脚手板上的操作人员不应超过两人。

（6）在楼层（特别是预制板面）施工时，堆放机械、砖块等物品不得超过使用荷载，如超过使用荷载时，必须经过验算采取有效加固措施后方可进行堆放和施工。

（7）不准站在墙顶上划线、刮缝和清扫墙面或检查垂直度等工作。

（8）不准用不稳固的工具或物体在脚手板上垫高操作，更不准在未经加固的情况下，在一层脚手架上随意再叠加一层。脚手板不允许有空头现象，不准用小楞木作为立人板。

（9）砍砖时，应面向内打，注意防止碎砖伤人。

（10）使用垂直运输的吊笼、绳索具等，必须满足负荷要求，牢固无损；吊运时，不得超载。

（11）起重机吊砖要用砖笼，吊砂浆的料斗不能装得过满，

24

吊杆回转范围不得有人停留。

（12）砖料运输车辆，两车前后距离：平道上不小于 2m，坡道上不小于 10m。

（13）如遇雨天及每天下班时，要做好防雨措施，以防雨水冲走砂浆，使砌体倒塌。

（14）在同一垂直面内上下交叉作业时，必须设置安全隔板，下方操作人员必须戴好安全帽。

（15）人工垂直向上或向下（深坑）传递砖块，架子上的站人板应有足够的宽度，并且要铺设牢固。

（16）严禁操作人员在酒后进入施工现场作业。

6. 抹灰班组安全生产教育内容

（1）每名工人都应自觉遵守法律法规和公司、项目部的各种规章制度。

（2）新工人进场后应先经过三级安全教育，并经考试合格后方可进入施工现场。

（3）高处作业时，应检查脚手架是否牢固。

（4）对脚手架不牢固之处和跷头板等应及时处理，要铺有足够宽度的脚手板，保证手推车运灰浆时的安全。

（5）在架子上工作，工具和材料要放置稳当，不准随便乱扔。

（6）用升降机运料时，要由专人操作升降机，遇六级以上大风时应暂停作业。

（7）砂浆机应由专人操作和维修、保养，电器设备应绝缘良好并接地，同时做到二级漏电保护。

（8）严格控制脚手架的施工荷载。

（9）不准随意拆除、斩断脚手架的软硬拉接，不准随意拆除脚手架上的安全设施，如妨碍施工必须经项目经理批准后，方可拆除妨碍部位。

（10）严禁操作人员在酒后进入施工现场作业。

（11）班组如果因劳力不足需要再招新工人时，应事先向项目部报告。

（12）新工人进场后应先经过三级安全教育，并经考试合格后方可正式上岗。

（13）新工人进场应具有上岗证、身份证。

（14）严禁铺设探头板。

（15）每日上班时应先对作业环境进行检查，当确认没有安全隐患时，方可进行操作。

7. 架子班组安全生产教育内容

（1）每名工人都应自觉遵守法律法规和公司、项目部的各项规章制度。

（2）脚手架搭设前应先在基础上弹出立杆位置线，并按设计尺寸正确安放挡板、底座，严禁在未夯实的回填土上搭设落地式脚手架，脚手架搭设选材必须严格按现行相关标准的要求执行。

（3）立杆应垂直稳放在金属底座或垫板上，立杆、纵向水平杆接头应错开，扣件式钢管脚手架的连接必须用扣件并应拧紧螺栓。

（4）脚手架的底部应考虑排水措施，防止积水后脚手架不均匀沉陷。

（5）脚手架开始搭设时，应每隔6跨设置一根抛撑，直至边墙件安装稳固后，方可根据情况拆除。

（6）为了保证脚手架的整体稳固，同一立面的小横杆应按立杆总数对等交错设置，同一跨里、外立杆的小横杆应上下对直，不应扭曲。

（7）严禁操作人员在酒后进入施工现场作业。

（8）每名工人进入施工现场都必须戴安全帽。

（9）班组如果因劳力不足需要再增添新工人时，应事先向施工员报告。

（10）新工人进场后应先经过三级安全教育、安全交底并经考试合格后方可正式上岗。

（11）新工人进场应具有劳动技能证、身份证等证件。

（12）严格正确使用劳动保护用品，遵守高处作业规定。工具必须入袋，严禁在高处抛掷物件。

（13）大风、大雨、下雪天气，严禁室外作业。

（14）拆除区和须设置警戒范围，应设明显的警示标记，非操作人员或地面施工人员，均不得通行或施工，安全员应配合现场监护。

（15）高层脚手架的拆除，应配备通信装置。

（16）拆除物件时，应由垂直运输机将已拆除的物体安全输送至地面。

（17）拆除脚手架时，在建筑物内应及时关闭窗户，严禁向窗外伸挑任何物件。

（18）拆除高层脚手架，应沿建筑四周一步一步递减拆除，不允许两步同时拆除，或一前一后踏步式拆除，也不宜分立面拆除。如遇特殊情况，应经项目部技术负责人书面批准，并采取加固措施后，方可分立面拆除。

（19）作业人员进入施工现场后，应先检查。如遇薄弱环节时，应加固后再拆除。对表面存留的物件、垃圾应先清理。

（20）按下列顺序进行拆除工作：安全网→挡笆→垫铺笆→防护栏杆→挡脚杆→斜拉杆→边墙杆→横杆→顶撑→立杆。

（21）立杆、斜拉杆的接长杆拆除，应由两人以上配合进行，不宜单独作业，否则易引起事故。

（22）连墙杆、斜拉杆、登高设施的拆除，应随脚手架整体同步进行，不允许单杆件拆除。

（23）翻掀垫铺笆时，应注意自外向里翻起竖立，防止外翻将笆内未清除的残留物从高处掉落伤人。

（24）施工人员在当天离岗时，应及时加固未拆除部位，防止存留隐患造成复岗时发生人为事故。

（25）悬空口的拆除，应预先进行加固或设落地支撑措施后，进行拆除工作。

8. 普工班组安全生产教育内容

（1）每名工人都应自觉遵守法律法规和公司、项目部的各种规章制度。

（2）作业人员在从事挖土、装卸、搬动和辅助作业时，在工作前必须熟悉作业内容、环境，对所使用的铁锹、铁镐、推车等工具要认真检查，不牢固不使用。

（3）挖土前要了解地下管线、人防及其他构筑物情况和具体位置。在通信电缆 2m 范围内和现场燃气、给水排水管道 1m 范围内挖土时，必须在主管单位人员、检查人员监护下人工开挖。

（4）开挖沟槽、基坑等应根据土质和挖掘深度放坡，在必要时设置固壁支撑，挖出的泥土应堆放沟边 1m 外，并且高度不得超过 1.5m。

（5）槽、坑、沟深度超过 1.5m，必须根据土质和深度情况放坡或加可靠支撑，遇边坡不稳、有坍塌危险征兆时，施工人员必须立即撤离现场，并及时报告给施工负责人。采取安全可靠排险措施后，方可继续施工。

（6）挖土过程中遇有古墓、地下管道、电缆或其他不能辨认的异物和液体、气体时，应立即停止作业，并报告给施工负责人，待查明处理后，再继续挖土。

（7）挖掘土方，两人间距为 2～3m，并由上而下逐层挖掘，禁止采用掏洞的操作方法。

（8）吊运土方时，绳索、滑轮、钩、箩筐等应完好牢固。起吊时，垂直下方不得有人。

（9）从砖垛上取砖，应由上而下阶梯式拿取，禁止一码拆到底或在下面掏取，整砖和单砖应分开传送。

（10）用手推车装运物料，应注意手推车平稳，掌握重心，不得猛跑和撒把溜放，前后车距在平地时不得小于 2m，下坡时不得小于 10m。

（11）使用打夯机，电源电缆必须完好无损，必须配备漏电保护器。操作时，应戴绝缘手套，严禁夯打电源线。在坡地或松土处打夯时，作业人员不得背对牵引打夯机。停止使用时，应拉闸断电，才可搬运打夯机。

（12）车辆未停稳时，禁止人员上下或装卸物料。

9. 防水工班组安全生产教育内容

（1）每名工人都应自觉遵守法律法规和公司、项目部的各种规章制度。

（2）患皮肤病、眼结膜病以及对沥青严重敏感的人员，不得从事防水工作。

（3）装卸、搬运、熬制、铺涂防水油膏时，施工人员必须使用规定的防护用品，皮肤不得外露。

（4）使用溶化桶装防水油膏，先将桶盖和气眼全部打开，用铁条串通后，方准烘烤，并经常疏通放油孔和气眼。严禁火焰与油直接接触。

（5）熬制防水油膏地点不得设在电线的垂直下方，一般应距建筑物 25m，锅与烟囱的距离应大于 80cm，火口与锅边应有高 70cm 的隔离设施。临时堆放防水油膏、燃料的场地，离锅不小于 5m。

（6）熬油前，应清除锅内杂质和积水。

（7）熬油必须由有经验的人员看守，要随时测量控制油温。熬油量不得超过油锅容量的四分之三，下料应慢慢溜放，严禁大块投放。下班要熄火，盖好锅盖。

（8）锅内防水油膏着火，应立即用铁盖盖住，停止鼓风，封闭炉门，熄灭炉火。严禁在燃烧的防水油膏中浇水，应用干沙或者干粉灭火器灭火。

（9）配制冷底子油，下料应分批、少量、缓慢，并不停搅拌，下料不得超过锅容量的二分之一，温度不得超过 80℃，严禁烟火。

（10）装运防水油膏的勺、桶、壶等工具，不得用锡焊。盛油量不得超过容器的三分之二。肩挑或用手推车运输时，道路要平坦，绳具要牢固。吊运时，垂直下方不得有人。

（11）屋面铺贴卷材，四周应设置 1.2m 高围栏，作业人员应靠近屋面四周侧身操作，并挂好安全带。

（12）在地下室、池壁、管道、容器内等进行有毒、有害的防水涂料作业，施工人员应定时轮换间歇，通风换气。

10. 油漆（装饰）班组安全生产教育内容

（1）涂料施涂前，检查脚手架、马凳和跳板是否搭设牢固，高度是否满足操作要求，经验收合格后，作业人员才能上架操作，凡不符合安全之处应及时修整。

（2）各类油漆和其他易燃、有毒材料，应存放在专用库房内，不得与其他材料混放。挥发性油料应装入密闭容器内，妥善保管。

（3）禁止穿硬底鞋、拖鞋、高跟鞋在架子上操作，架子上人员不得集中在一起，所用工具要搁置稳妥，防止坠落伤人。

（4）在两层架子上操作时，应尽量避免在同一垂直线上工作，必须同时作业时，下层操作人员必须戴好安全帽。

（5）涂刷涂料时，作员人员宜戴防护眼镜操作，防止涂料掉入眼中。

（6）夜间使用临时移动照明灯时，必须用安全电压，防止人员触电。

第二章 附着式升降脚手架简介

第一节 附着式升降脚手架的定义

附着式升降脚手架是一种高层建筑施工用的外脚手架。它为高处作业人员提供施工操作平台，也为建筑施工人员提供外围安全防护，它能够沿建筑结构标准层逐层爬升或下降。从下往上提升一层，施工一层结构主体；当主体施工完毕后，再从上往下下降一层，装修一层建筑外墙，直至标准层外墙装修施工完毕。因具有良好的经济效益和社会效益，附着式升降脚手架已在高层建筑施工广泛采用。

定义：搭设一定高度并附着于建筑结构上，依靠自身的升降设备和装置，随建筑结构逐层上升或者下降，具有安全防护、防倾覆、防坠落和同步控制等功能的脚手架。

附着式升降脚手架简称"升降架"或"整体提升架"，俗称"爬架"。

第二节 附着式升降脚手架的用途

1. 应用领域

附着式升降脚手架属于建筑施工作业和防护脚手架，主要应用于高层和超高层建筑的结构主体施工、外立面装修等替代传统脚手架的高处作业施工领域。

2. 特点

随着社会经济的发展，建筑物高度越来越高，施工技术进步与安全文明施工要求也越来越高，附着式升降脚手架替代传统脚手架进行结构主体、装饰及其他外墙施工，有效地解决了人工费高、施工工效低、脚手架材料质量不稳定等所带来的安全隐患。此外，同传统脚手架相比，附着式升降脚手架还具有结构合理、装拆方便、适应性强、施工效率高、高空作业安全风险低、占用社会资源少等特点。

近年来，随着建筑业特别是高层建筑的发展，尤其是铝模施工工艺的推动，附着式升降脚手架和铝模相结合的施工技术，在加快施工进度，降低人工作业强度，提高安全、经济和适用性等综合优势方面，以其显著的优越性，得以迅速发展和广泛应用。

第三节　附着式升降脚手架的发展史

1. 普通脚手架的发展

20 世纪中期，我国以低层建筑居多，普遍采用以竹、木为杆件，用铁丝或扎带绑扎杆件，在作业层上铺设竹、木跳板搭设成脚手架（图 2-1）。

图 2-1　竹木脚手架

20 世纪七八十年代，随着我国多层建筑逐渐增多，小高层建筑开始出现，竹木脚手架已难以满足施工及安全需要。在此背景下，先后从国外引进门式脚手架、碗扣式脚手架等多种脚手架。其中，钢管扣件式脚手架（图 2-2）以其加工简便、搬运方便、通用性强等优点，成为较长时期内我国使用数量最多、应用最普遍的一种脚手架。

20 世纪 90 年代开始，我国的高层、超高层建筑迅猛发展，

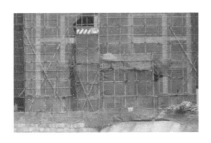

图 2-2　钢管扣件式脚手架

钢管扣件式脚手架因其用钢量大、安全性较差、施工效率低、经济性不强、搭设高度受限等弊端，已不能很好地满足高层建筑施工的需要。国内部分企业研发出附着式升降脚手架雏形。

2. 附着式升降脚手架发展历程

1993 年，钢管扣件式附着式升降脚手架问世。如图 2-3 所示，其架体主体结构由导轨主框架、水平支撑框架、附墙支座、提升设备等组成，用钢管、扣件组装搭设，外侧使用密目安全网密封，作业层采用竹木跳板铺设。钢管扣件式附着式升降脚手架解决了普通脚手架需要满堂搭设，材料用量大、人工耗用大、管理难度大以及安全风险高等问题。

图 2-3　钢管扣件式附着式升降脚手架（一代架）

至 2000 年，多种类型的钢管扣件式附着式升降脚手架进入研发试用阶段。直至 2010 年，附着式升降脚手架得到市场的广泛认可和迅速发展。

钢管扣件式附着式升降脚手架又被称为"一代架"。由于其脚手板采用竹、木跳板，外侧用密目安全网，仍然存在密封和防火问题，部分工程施工中就出现了用冲孔钢网板替代密目安全网，采用专用连接件安装钢网板的钢管扣件式附着式升降脚手架，我们常常称其为"1.5代架"或者"半钢架"（图2-4）。

图2-4　外挂钢网板的附着式升降脚手架（1.5代架或半钢架）

2010年以来，国内越来越多的地方限制和禁止使用落后淘汰的技术，附着式升降脚手架进入技术提升阶段，也就是从钢管扣件式附着式升降脚手架升级到全钢附着式升降脚手架。

如图2-5所示，全钢附着式升降脚手架架体构件全部采用全钢定型设计，在工厂标准化预制，在现场模块化拼装，智能化升降，以其结构定型、互换性高、安全性能高、布置灵活、安装简

图2-5　全钢附着式升降脚手架（二代架）

捷、易于运输、节能环保、防护和防火性能高、作业人员工作强度小等特点，迅速发展成为附着式升降脚手架的主流。

全钢型附着式升降脚手架被统称为"二代架"，通常采用油漆、喷塑和镀锌等表面处理方式。

由于建筑施工环境恶劣，钢材长期处于室外环境，日晒雨淋，脚手架主体结构存在腐蚀生锈现象，特别是采用油漆或喷塑的架体，其翻新成本偏高，回收利用率低。近年来，个别厂家利用铝合金材料密度小、耐腐蚀、易挤压成型、强度高等优点，作为一种新型的结构材料，开始将其应用到全钢附着式升降脚手架上，不同程度地替代架体上的钢质部件，形成碳钢与铝合金相结合的附着式升降脚手架。

因为全钢型附着式升降脚手架目前应用最为广泛，所以本书后续章节所述的附着式升降脚手架即全钢型附着式升降脚手架。

第三章　附着式升降脚手架的基本构造

第一节　主要性能参数

1. 架体高度

架体最底层杆件轴线至架体最上层横杆（即护栏）轴线间的距离，不得大于 5 倍楼层高。

2. 架体宽度

架体内、外排立柱轴线之间的水平距离，不得大于 1.2m。

3. 机位跨度

两相邻竖向主框架中心轴线之间的距离：直线布置不得大于 7m，折线或曲线布置相邻两主框架支撑点外侧距离不得大于 5.4m，水平悬挑长度不得大于 2m，并且不得大于跨度的 1/2。

4. 升降设备额定起重量

升降设备额定起重量不应小于 7.5t，架体总高度不超过 2.5 倍楼层时可选用 5t。

5. 作业层允许荷载

两层同时作业时，每层不应大于 $3kN/m^2$；三层同时作业时，每层不应大于 $2kN/m^2$。

6. 架体全高与机位跨度的乘积

架体全高与机位跨度的乘积不得大于 $110m^2$。

7. 防坠落制动距离

整体式升降脚手架制动距离不应大于 80mm，单片式升降脚手架不应大于 150mm。

8. 附着支撑在建筑结构连接处的混凝土强度

应按设计要求确定，附墙支座处混凝土强度不应小于 C15，升降设备提升点处混凝土强度不应小于 C20。

9. 同步控制系统

在架体升降中控制各机位的荷载或水平高差在设计范围内。当某一机位的荷载变化值超过初始状态的±15％时，声光报警并显示报警机位；当超过±30％时，升降设备自动停机。

第二节　附着式升降脚手架基本组成与原理

1. 基本组成

附着式升降脚手架主要由竖向主框架、水平桁架、架体构架、附着支撑结构、升降机构及升降设备、安全装置、电气控制系统等组成（图 3-1）。

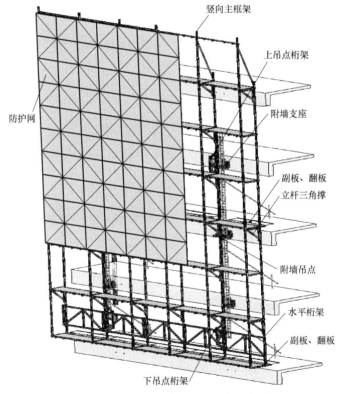

图 3-1　附着式升降脚手架组成示意图

2. 工作原理

在地面、裙楼面或者钢管脚手架支撑基础上搭设一定高度的架体，通过附着支撑结构附着在建筑结构上，依靠自身的升降设备升降，实现架体随建筑结构逐层爬升或者下降。

根据建筑结构确定竖向主框架位置，也就是机位位置。通过螺栓将水平桁架、架体构架与竖向主框架连接起来，架体外侧安装防护网板。每栋建筑的附着式升降脚手架由一定数量的机位分组或者整体搭设而成。

升降时，架体在动力装置驱动下，竖向主框架上的导轨沿附墙支座上升或下降移动，使架体上的作业层到达对应的建筑楼层，作业人员在架体上进行高处施工作业，同时也为建筑施工提供外围安全防护。

由防坠落装置、防倾覆装置、同步控制装置、外立面防护设施等安全保护装置确保附着式升降脚手架在使用和升降工况下安全运行。

3. 基本安装形式

附着式升降脚手架具有单跨式和整体式两种形式。单跨式附着式升降脚手架仅有两个提升装置，并独自升降；整体式附着式升降脚手架有三个以上提升装置，并连跨升降。

（1）单跨式附着式升降脚手架

单跨式附着式升降脚手架指两个机位之间的单跨独自升降的架体结构，即一个独立的架体单元。架体支撑跨度较短，一般不超过 6m，且只能直线布置。一般使用在天井结构等狭小的局部位置（图 3-2）。

（2）整体式附着式升降脚手架

整体式附着式升降脚手架指三个以上

图 3-2 单跨式附着式升降脚手架

机位之间连续形成的连跨升降的架体结构，架体有多榀竖向主框架和多个提升装置。架体能直线布置，也能折线或曲线布置（图3-3）。

图 3-3　整体式附着式升降脚手架

4. 附着式升降脚手架主要部件结构、性能与作用

（1）架体结构

架体由竖向主框架、水平桁架和架体构架等三部分组成。

（2）架体单元

单元结构由每相邻两榀竖向主框架、水平桁架、架体构架、附着支撑结构、升降机构、防倾覆和防坠落装置、停层卸荷装置、同步控制装置和外立面防护设施组成。

（3）附着支撑结构

附着支撑结构是直接附着在建筑结构上，并与竖向主框架连接，承受并传递脚手架荷载的支撑结构，包括附墙支座、悬臂梁及斜拉杆。

（4）竖向主框架

竖向主框架是垂直于建筑物外立面，并与导轨连接，主要承受和传递架体的竖向和水平荷载的竖向框架式结构件。由钢管或型钢制作,分为平面桁架、空间桁架、刚架三种结构形式。

竖向主框架是附着式升降脚手架架体结构的主要组成部分。

(5)水平桁架

水平桁架是设置在竖向主框架的底部,与建筑结构外立面平行,与竖向主框架连接,主要承受架体竖向荷载,并将竖向荷载传递至竖向主框架的水平支撑构件。它由钢管或型钢制作,是空间桁架结构或平面刚架结构。

水平桁架是附着式升降脚手架架体结构的主要组成部分(图3-4)。

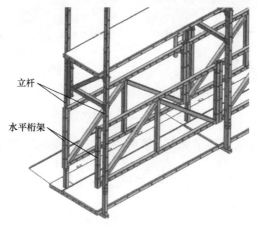

图 3-4　水平桁架示例

(6)架体构架

架体构架是安装在相邻两竖向主框架之间,并支撑在水平桁架上的架体,由型钢构件搭设,或由钢管扣件式脚手架、门式钢管脚手架或承插型盘扣式钢管支架组成。

架体构架是附着式升降脚手架架体结构的组成部分,也是施工人员的作业场所。

(7)导轨

导轨是设置在附着支撑结构或竖向主框架上,引导架体上升和下降的轨道。如图 3-5 所示，导轨是构成竖向主框架的主要结构件，不仅是架体升降的导向轨道，而且是架体防倾覆、防坠落和停层卸载的重要承力结构件，承担并传递架体竖向和水平方向荷载。导轨一般由作为下节的基础节和上节的标准节对接组合，以满足不同的架体高度。导轨上节与下节之间采用高强度螺栓、内插芯或外夹板进行连接。

图 3-5　导轨示意图

（8）附墙支座

附墙支座是架体与建筑结构的附着支撑结构，承受并将架体上的荷载传递到建筑结构上，汇集导向、防倾覆、防坠落和卸载功能于一体。主要由导向轮、防倾覆装置、防坠落装置和卸荷顶撑装置组成，集成安装于座体上，通过悬臂梁、穿墙螺栓安装在建筑结构上（图 3-6、图 3-7）。

（9）悬臂梁

悬臂梁是附墙支座的主要结构件，其一端焊接附着于建筑结构的附墙板，另一端悬挑。悬挑端承受架体载荷，支撑防倾覆、防坠落和停层卸荷装置由槽钢、工字钢或钢板制作。

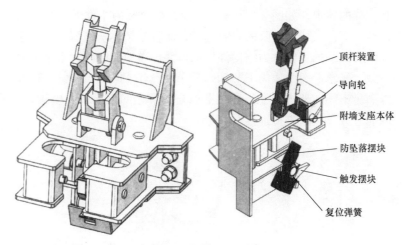

顶杆装置

导向轮

附墙支座本体

防坠落摆块

触发摆块

复位弹簧

图 3-6　附墙支座示意图

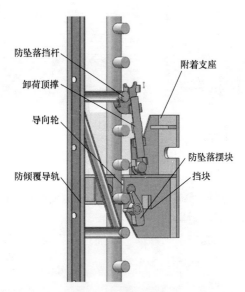

防坠落挡杆

卸荷顶撑

导向轮

防倾覆导轨

附着支座

防坠落摆块

挡块

图 3-7　防坠落装置

（10）上吊点

上吊点是升降动力设备连接在建筑结构上的悬挂点，也就是

42

升降支座。

（11）下吊点

下吊点是升降动力设备连接在架体上的起吊点（图3-8）。

（12）卸荷装置

卸荷装置是设置在附墙支座上，当架体停在某一楼层时，将架体的全部荷载传递到附墙支座上的承力装置，俗称"卸荷顶撑"，实质就是一种卸荷装置。

（13）防倾覆装置

防倾覆装置是防止架体在升降和使用过程中发生倾覆的装置。

（14）防坠落装置

防坠落装置是防止架体在提升、下降或使用过程中发生意外坠落时的制动装置。

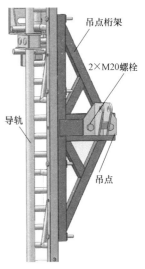

图 3-8　下吊点

（15）升降机构

升降机构是由附墙支座、上吊点、下吊点和导轨组成，辅助架体升降运行的设施。

（16）升降设备

升降设备为架体的升降运行提供动力，有电动和液压两种（图 3-9 为捯链）。

图 3-9　捯链

（17）同步控制系统

同步控制系统是在架体升降中控制各升降点的升降速度，使各升降点的荷载或高差控制在设计容许范围内，即控制各点相对垂直位移的装置（图 3-10）。它由荷载控制单元、主控箱、分控箱、动力电缆、通信电缆、控制软件和测力传感器等组成。

图 3-10　同步控制系统

第四章　附着式升降脚手架安全技术要求

第一节　安全装置的安全技术要求

附着式升降脚手架必须具有防坠落、防倾覆、停层卸荷和同步控制系统等安全装置，并齐全有效。

1. 附墙支座的安全技术要求

（1）单个附墙支座应能承受所在机位的全部荷载。

（2）在导轨所覆盖的每个已建楼层处均应设置一个附墙支座，每个附墙支座均应设置有防倾覆导向及防坠落装置，各装置应独立发挥作用。升降工况有效附墙支座不应少于2个，使用工况有效附墙支座不应少于3个。

（3）防坠落装置不得与提升装置设置在同一个附墙支座上，也就是起防坠落作用的附墙支座上不得起提升作用。两种作用的支座应分开独立安装。

（4）附墙支座的预埋穿墙螺栓孔应垂直于建筑结构外表面，其中心误差应小于15mm。

（5）附墙支座应有适当的前后距离调节功能，以适应建筑施工胀模等引起的离墙间距变化。

（6）附墙支座的穿墙螺栓应采用双螺母或单螺母加弹簧垫圈。如果采用加高件等支座转换件，其连接强度应满足设计要求。

（7）预埋螺栓的选用应满足设计要求，且直径不小于30mm；露出螺母端部的长度不少于3扣，并不得小于10mm；垫板尺寸不得小于100mm×100mm×10mm。

（8）附墙支座和升降支座应附着在结构梁或剪力墙上，附着的建筑结构厚度不小于200mm。

（9）施工单位应确认建筑结构的钢筋配筋和混凝土强度达到设计要求。附墙支座处混凝土强度不应小于C15，升降支座处混凝土强度不应小于C20。

由于提升时架体的荷载全部施加在升降支座上，因此，升降支座处建筑结构的钢筋配筋和混凝土强度均应被验算，必要时，应对其进行加固处理，防止此处的建筑结构被拉裂破坏。

2. 防坠落装置的安全技术要求

（1）防坠落装置应设置在竖向主框架处，并附着在建筑结构上，每一升降点有不得少于1个防坠落装置，防坠落装置在提升、下降或使用工况下，必须起作用。

（2）防坠落装置与升降设备必须分别附着在建筑结构上。

（3）防坠落装置必须采用机械式的全自动装置，严禁使用每次升降都需重组的手动装置。

（4）防坠落装置技术性能除应满足承载能力要求外，还应符合表4-1的规定。

防坠落装置技术性能　　　　　　　　　　　　　表4-1

脚手架类别	制动距离（mm）
整体式升降脚手架	≤80
单片式升降脚手架	≤150

（5）防坠落装置有卡阻式和夹持式，卡阻式防坠落装置又包括摆块式、转轮式和顶撑式三种。

1）摆块或转轮卡阻式防坠落装置均设置在附墙支座上，与导轨上等距布置的梯格式防坠落挡杆配合，防坠落挡杆竖向中心间距通常为100mm。由于每个附墙支座上均独立设置一套摆块或转轮卡阻式防坠落装置，因此，在架体的提升、下降或使用过程中，每一机位处均设置有2～3个防坠落装置。

摆块式防坠落装置包括触发摆块和防坠落摆块。触发摆块在架体提升和下降过程中在导轨防坠落挡杆的带动下进行往复运动。当发生坠落时，触发摆块在防坠落装置制动距离内带动防坠落摆块卡住导轨，使架体不再下坠（图 4-1）。

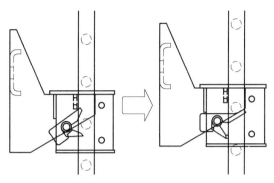

图 4-1　摆块式防坠落原理示意图

导轨上防坠落挡杆一般采用圆钢或圆管制作，触发摆块与圆形防坠落挡杆的触发存在 1/4 圆弧的迟滞反应时间。防坠落摆块与防坠落挡杆的接触为线接触，受力面小，受冲击较大。

转轮式防坠落装置包括承力转轮和触发阻止器。当发生坠落时，触发阻止器应能卡住承力转轮，使其不再转动，承力转轮以线接触方式卡住导轨防坠落挡杆，使架体不再下滑（图 4-2）。

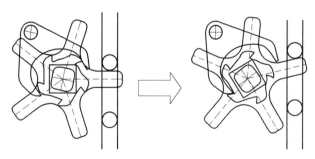

图 4-2　转轮式防坠落原理示意图

2）顶撑式防坠落器是以停层卸荷装置的顶撑加装复位弹簧使顶撑始终靠向导轨，实现上升和使用过程的顶撑卡阻防坠落。当架体下降时，提升装置和各卸荷顶撑之间采用串联钢丝绳拉紧，将卸荷顶撑扳离导轨。当发生坠落时，串联钢丝绳放松，卸荷顶撑复位，实现卡阻动作（图 4-3）。

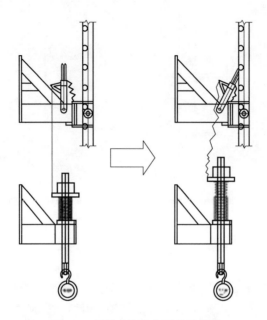

图 4-3　顶撑式防坠落原理示意图

顶撑式防坠落器存在以下问题：

① 架体提升和下降转换时，防坠落装置需要人工干预。在架体每次下降前，要将卸荷顶撑扳离导轨，连接联动钢丝绳，将钢丝绳张紧、调整，才能准备下降。

② 防坠落制动依赖联动钢丝绳松动触发，如果触发受阻或者不灵活，则影响防坠落动作。

③ 当架体提升误操作，需要少量下降时，难以操作。

④ 下降时，每一机位处只设置 1 个防坠落装置。

由于防坠落装置是附着式升降脚手架中最根本、最核心、最关键的安全装置，是附着式升降脚手架安全的重要组成部分，因此，广东省《建筑施工附着式升降脚手架安全技术规程》DBJ／T

15—233—2021中明确规定卸荷装置应设置于附着支撑装置上，而且必须是定型化装置，具有高低调节功能，且不能作为防坠落装置使用。

3）夹持式防坠落装置由受力装置（防坠落杆、导轨），触发装置和夹持楔块构成。当发生坠落时，触发装置应立即带动夹持楔块，夹持住防坠落杆和导轨不再下滑（图4-4）。

(a)

(b)

图4-4 夹持式防坠落原理示意图

防坠落杆应使用 Q235 级钢制作。当导轨固定于附着支座上时，导轨可兼作防坠落杆；防坠落杆独立设置时，规格应满足设计要求。

当采用圆钢式防坠落杆时，圆钢直径不应小于 25mm。防坠落杆在产生一次防坠落作用或经过一次防坠落试验后应被废弃，并应重新更换。

4）防坠落装置应具有防尘、防污染措施，并灵敏可靠。

5）防坠落装置的材料和规格应与评估报告或检验报告内容一致。

3. 防倾覆装置的安全技术要求

（1）导轨与架体的竖向主框架应可靠连接成整体，防倾覆装置与导轨相对滑动时可环抱导轨，防止架体倾覆。

（2）防倾覆装置（图 4-5）每侧应有 2 个防倾覆导向轮，有与导轨防倾覆杆件（槽钢或钢管）表面曲线吻合的防倾覆板，以增强防倾覆性能。

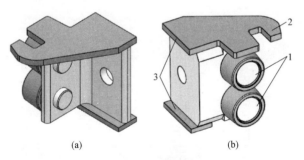

(a)　　　　　　　　　　(b)

图 4-5　防倾覆装置

1—防倾覆导向轮（双轮）；2—防倾覆板；3—防偏转卡口

如果防倾覆装置每侧只有 1 个防倾覆导向轮，则槽钢型导轨的上、下节槽钢对接处翼缘容易变形，甚至有豁口脱轨的风险。

如图 4-6（a）所示，防倾覆导向轮还应有防止其偏转的措施，比如采用防偏转卡口或者双螺栓连接等方式，避免在导轨升

(a)   (b)

图 4-6　单防倾覆导向轮

降的过程中，防倾覆导向轮偏转后，导向轮与轨道的间隙变大，如图 4-6（b）所示，甚至有可能严重偏转而脱出轨道。

（3）防倾覆导向轮应与附墙支座可靠连接，防倾覆导向轮应固定可靠、转动灵活，防倾覆导向轮与导轨之间的间隙应小于 5mm。

（4）在升降工况下，最上和最下两个防倾覆装置之间的最小间距不应小于一个标准层层高，且不得小于 2.8m 或架体高度的1/4。

（5）在使用工况下，最上和最下两个防倾覆装置之间的最小间距不应小于两个标准层层高，且不得小于 5.6m 或架体高度的1/2。

4. 停层卸荷装置的安全技术要求

（1）停层卸荷装置应设置在附墙支座上，必须是定型化装置，具有高低调节功能。

（2）每个竖向主框架处停层卸荷装置不得少于 2 道，且应满足承载力要求。

（3）严禁采用钢管脚手架扣件或钢丝绳作为停层卸荷装置使用。

（4）如果采用卸荷顶撑作为停层卸荷装置，轴线与水平面的夹角不应小于 70°。可能产生较大的水平分力时，应通过设计计算，并采取相应的技术措施。

（5）停层卸荷装置不能直接作为防坠落装置使用。架体上升和使用时，必须确保复位弹簧将其始终拉向导轨；架体每次下降前要将卸荷顶撑扳离导轨，连接联动钢丝绳，并张紧、调整好，才能进行下降作业。

（6）停层卸荷装置的材料和规格应与评估报告或检验报告一致。

5. 同步控制系统的安全技术要求

（1）同步控制系统应符合《施工现场临时用电安全技术规范》JGJ 46—2005 的规定。

（2）多机位同时升降采用限制荷载自控系统，只有两个机位同时升降的可采用限制水平高差自控系统。

（3）限制荷载控制系统应具有下列功能：

1）应具有荷载自动监测和超载、失载、报警和自动停机的功能，以及储存和记忆显示功能。

2）在升降中，相邻两机位的荷载变化值超过初始状态的 ±15％时，应具有声光自动报警和显示报警机位；当超过 ±30％时，应具有全部机位自动停机功能。

3）应具有自身故障报警功能，并适应施工现场环境。

4）性能应可靠、稳定，应控制精度在 5％以内。

（4）水平高差同步控制系统应具有下列功能：

1）应具有各提升点的实际提升高度自动监测功能，以及储存和记忆显示功能。

2）当相邻两机位高差达到 30mm 时，应能自动停机。

3）应同时具备荷载控制功能。

（5）分机和荷载检测单元应能实时采集各机位的荷载数据，并能通过通信电缆传送至总控制柜或者上位机，显示机位编号，能记录和显示机位信息。

（6）总控制柜或上位机应能对各机位实时显示和记录机位的

荷载值、故障信息和运行状态，对数据实时分析处理，发出控制指令，自动控制各机位的运行状态；应有急停、单机手动和多机手动控制功能。

（7）升降控制系统的遥控装置遥控距离不应小于80m。

（8）控制箱门应安装锁具，线缆采用绝缘管保护，并绑扎、卡牢。

（9）同步控制系统的安装应由专业持证电工操作。当用分控功能调整捯链的环链松紧度时，应由专人操作，不应使用正、反机械开关。

第二节　安装作业安全技术要求

附着式升降脚手架安装应按《专项施工方案》和《使用说明书》的规定进行施工作业。在安装过程中，如现场实际情况与《专项施工方案》不符，需进行变更时，应按照规定程序重新审批。

1. 底层架体安装的安全技术要求

（1）在首层脚手板安装前应设置架体的支撑基础。支撑基础的水平度和承载能力应满足架体安装的要求，同时支撑基础还应有保障安装作业人员安全施工的防护设施。

（2）当采用钢管脚手架作为支撑基础架时，对支撑基础架首先加固处理，并在结构标准层楼面上高1.2～1.5m位置找平。找平面水平高差不大于20mm，内侧钢管离结构边不大于200mm，外侧钢管离结构边不大于1500mm，外侧搭设高于找平面1.5m的单排防护架（图4-7）。

（3）架体底部脚手板应

图 4-7　单排防护架

与支撑基础架采用扣件、安装托架等方式可靠连接，防止架体倾覆（图4-8）。

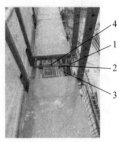

图4-8 安装托架示例

1—安装托架；2—扣件；3—支撑基础架；4—底部脚手板

（4）在安装作业区域应设置安全警戒线，并派专人值守。

2. 竖向主框架安装的安全技术要求

（1）竖向主框架的安装位置应符合专项施工方案中机位布置图要求。若实际安装位置发生变化，应按规定程序办理专项施工方案变更报审手续。

（2）竖向主框架高度与架体高度相等，并在与墙面垂直的结构位置安装附墙支座。竖向主框架应是桁架，其杆件节点采用焊接或螺栓连接。竖向主框架与水平支撑桁架和架体构架构成有足够强度和支撑刚度的空间几何不变体系的稳定结构。

（3）相邻竖向主框架的高差不应大于20mm，竖向主框架和附墙支座上防倾覆导向装置的垂直偏差不应大于5‰，且不得大于60mm。

（4）随着架体安装的逐步增高，在对接上、下节导轨时，导轨后端的内立柱对接处应采用内插芯或外夹板加强，导轨前端的槽钢或钢管端部采用连接板（杆）连接，如图4-9所示，并采用不少于两根螺栓连接。

（5）对接导轨时，应使导轨端部连接板（杆）贴合平直，前端的槽钢或钢管相互错位形成的阶差应小于2mm，后端的立柱

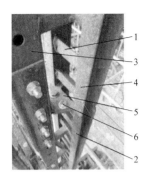

图 4-9　导轨与架体的连接

1—上节；2—下节；3—后端内立柱；4—前端槽钢；

5—连接板；6—高强度螺栓

对接处错位阶差应不大于 3mm，校正导轨各杆件的直线度不大于 1/250，并紧固竖向主框架连接螺栓。

（6）导轨端部连接板（杆）应采用高强度螺栓连接，规格不小于 M14，强度等级不小于 8.8 级，拧紧力矩不小于 150N·m；螺母宜安装在螺栓上部；紧固后螺栓头部应露出 2～4 个螺距。

（7）导轨高度不得低于架体顶层脚手板的高度，并且在每个已建楼层边沿设置临时拉接点，将架体导轨、内立柱与结构进行拉接加固。

3. 水平桁架安装的安全技术要求

（1）在架体底部第 1 步或第 2 步安装水平桁架，内、外侧水平桁架平行于墙面且连续设置。

（2）水平桁架各杆件的轴线应相交于节点上，其节点板的厚度不得小于 6mm，其高度不宜小于 0.8m；桁架上、下弦应采用整根通长杆件或设置刚性接头；腹杆与上、下弦连接采用焊接或螺栓连接。

（3）水平桁架与竖向主框架连接处的斜腹杆应为拉杆，可采用杆件轴线交汇于一点，或可将水平桁架安装在竖向主框架底部的桁架底框中。

（4）平面刚架结构的水平桁架片与片之间采用螺栓对接或者搭接，上、下弦杆连接处采用夹板加固；转角处水平桁架须贯通连接，并与转角立柱连接。

（5）当水平桁架遇到塔式起重机附着、施工电梯、卸料平台需断开时，则应在断口处的上一层设置水平桁架。

4. 架体构架安装的安全技术要求

（1）根据专项施工方案的机位布置图，在两竖向主框架之间安装架体构架。

（2）架体高度不得大于 5 倍楼层高。

（3）架体定型脚手板净宽度不应小于 0.6m，不得大于 1.2m；板面防滑，厚度不得小于 2mm，翘曲不得大于 10mm。

（4）架体步距与立柱纵距均不应大于 2m，内、外立柱对称布置。

（5）直线布置的架体支撑跨度不得大于 7m，折线或曲线布置的架体，相邻两竖向主框架支撑点处的架体外侧距离不得大于 5.4m。

（6）架体的水平悬挑长度不得大于 2m，且不得大于跨度的 1/2。

（7）架体全高与支撑跨度的乘积不得大于 110m^2，且不大于检测报告的最大值。

（8）架体悬臂高度不得大于架体高度的 2/5 且不得大于 6m；架体顶部防护高出作业层的高度不应小于 1.5m。

（9）架体在附墙支座的连接处，提升机构，防坠落、防倾覆装置和吊拉点的设置处，架体平面的转角处，因塔式起重机附着杆、施工电梯、卸料平台等设施而断开或开洞处等部位应采取可靠的加固措施。

（10）架体构架至少设置包括最底层在内的 2 层全封闭脚手板，即脚手板满铺设置，与建筑物墙面之间设置可翻转的翻板进行全封闭。

（11）防护网板与立柱的连接不得少于 4 处，防护网板与脚手板之间不得留有缝隙，上、下防护网板之间应有防外倾措施。

5. 升降机构安装的安全技术要求

（1）安装升降设备的建筑结构应安全可靠，升降设备与建筑结构和架体均可靠连接。

（2）每个竖向主框架处设置升降设备，升降设备应采用电动或液压设备。

（3）当采用电动升降设备时，宜选用低速环链捯链、油润滑式提升机或电动丝杠提升机，连续升降距离大于 1 个楼层高度，最大升降速度不大于 0.12m/min。

（4）捯链应具有制动和定位功能。在额定荷载下，应满足制动下滑量≤V/100（V 为 1min 内载荷稳定提升的距离，单位 mm），且不应大于 2mm。

（5）捯链所用电动机应选用 S2 或 S1 工作制，负载持续时间宜为 30～60min，或全时制。

（6）起重链条、吊钩的构造、质量及精度应符合有关标准规定。吊钩表面应光洁，不应有折叠、过烧及降低强度的局部缺陷，不得有表面和内部裂纹，吊钩缺陷不允许焊补，且应有闭锁装置。

（7）捯链吊钩与吊点之间采用轴销传感器连接时，轴销传感器的强度不得小于原连接轴的强度。

（8）上、下吊点应在同一垂线上，其水平投影偏差不应大于150mm，链条与垂线夹角不应大于 10°。提升时，上、下吊钩距离不应小于 1m；下降时，双链的尾链长度应大于 200mm。

（9）捯链悬挂后，应保证能 360°自由旋转。上、下吊钩应与刚性吊环或传感器连接。

（10）当升降设备采用电动丝杠提升机时，丝杠应为通常整根圆钢，不应接长使用；丝杠直径不宜小于 40mm，提升力不应小于 150kN。

（11）当采用液压升降设备时，应选用穿心式液压千斤顶。穿心杆应采用直径为 40mm 的圆钢制作，并加工成竹节形，提升力不小于 100kN。液压油路选用高压油管。千斤顶内部应设置两套机械锁紧机构，发生油路破裂、停电等情况时，锁紧装置应自动锁紧。

（12）升降设备应有防雨、防砸、防尘等措施。

第三节　升降工况安全技术要求

1. 安装后首次提升检查验收

（1）确保建筑物上没有伸入架体内的障碍物。如果有钢管、模板等物体伸入架体内，则架体升降时势必会阻碍架体的正常运行，对架体构成极其严重的安全隐患，一定要彻底清除。

（2）确保架体上没有建筑材料堆积，处于空载状态；架体上没有机具等浮物，垃圾已清理干净。

（3）施工单位已经在架体下方的地面或裙楼上 15～20m 内设置好安全警戒区域，并配备专人警戒守护，严禁人员进入警戒区域（图 4-10）。

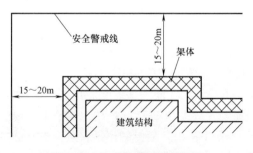

图 4-10　安全警戒区域示意图

（4）由监理单位、施工单位、租赁单位、安拆单位共同检查验收。

（5）首次提升前，对照专项施工方案进行复核检查，按表

4-2 和表 4-3 中关于附着式升降脚手架首次安装完毕及使用前检查验收的规定进行检查，经检查合格后，方可提升。

2. 每次提升或下降检查验收

（1）附着式升降脚手架在首次提升之后的每次提升、下降作业前应按表 4-4"附着式升降脚手架提升、下降作业前检查表"的规定进行检验，合格后方能实施提升或下降作业。

（2）其他检查验收内容同本节 1.（1）～（4）内容。

附着式升降脚手架首次安装后自检表　　表 4-2

工程名称				结构形式	
设备名称	附着式升降脚手架		型号	出厂日期	
制造单位				制造资质证号	
施工总包单位				项目负责人	
出租单位				负责人	
安装单位				项目负责人	

序号	检查项目		标准	检查结果
1	保证项目	竖向主框架	各杆件的轴线应汇交于节点处,并应采用螺栓或焊接连接,如不交汇于一点,应进行附加弯矩验算	
2			各节点应焊接或螺栓连接	
3			相邻竖向主框架的高差≤30mm	
4		水平桁架	桁架上、下弦应采用整根通长杆件,或设置刚性接头,腹杆上、下弦连接应采用焊接或螺栓连接	
5			桁架各杆件的轴线应相交于节点上,并宜用节点板构造连接,节点板的厚度不得小于 6mm	
6		架体构造	空间几何不可变体系的稳定结构	
7		立杆支撑位置	架体构架的立杆底端应旋转在上弦节点各轴线的交汇处	

59

序号	检查项目		标准	检查结果
8		立杆间距	应符合《建筑施工扣件式钢管脚手架安全技术规范》JGJ 130—2011 中的小于等于 1.5m 的要求	
9		纵向水平杆的步距	应符合《建筑施工扣件式钢管脚手架安全技术规范》JGJ 130—2011 中的小于等于 1.8m 的要求	
10		剪刀撑设置	水平夹角应满足 45°～60°	
11		脚手板设置	架体底部铺设严密，与墙体无间隙，操作层脚手板应铺满、铺牢，孔洞直径小于 25mm	
12	保证项目	扣件拧紧力矩	40～65N•m	
13		附墙支座	每个竖向主框架所覆盖的每一楼层处应设置一道附墙支座	
14			应将竖向主框架固定于附墙支座上	
15			附墙支座上应设有防倾覆导向的结构装置	
16			附墙支座应采用锚固螺栓与建筑物连接，受拉螺栓的螺母不得少于两个或采用单螺母加弹簧垫圈	
17			附墙支座支撑在建筑物上连接处混凝土的强度应按设计要求确定，但不得小于 C10	
18		架体构造尺寸	架高≤5 倍层高	
19			架宽≤1.2m	
20			架体全高×支撑跨度≤110m²	
21			支撑跨度直线≤7m	
22			支撑跨度折线或曲线形架体，相邻两主框架支撑点处的架体外侧距离≤5.4m	
23			水平悬挑长度不大于 2m，且不大于跨度的 1/2	

序号	检查项目	标准	检查结果
24	架体构造尺寸	升降工况上端悬臂高度不大于 2/5 架体高度,且不大于 6m	
25		水平悬挑端以竖向主框架为中心对称,斜拉杆水平夹角≥45°	
26	防坠落装置	防坠落装置应设置在竖向主框架处,并附着在建筑结构上	
27		每一升降点不得少于一个,在使用和升降工况下都能起作用	
28		防坠落装置与升降设备应分别固定在建筑结构上	
29		应具有防尘、防污染的措施,并应灵敏可靠和运转自如	
30		钢吊杆式防坠落装置,钢吊杆规格应由计算确定,且直径不应小于 25mm	
31		防倾覆装置中应包括导轨和两个以上与导轨连接的可滑动的导向件	
32	防倾覆设置	在防倾覆导向件的范围内应设置防倾覆导轨,且应与竖向主框架可靠连接	
33		在升降和使用两种情况下,最上和最下两个导向件之间的最小间距不得小于 2.8m 或架体高度的 1/4	
34		应具有防止竖向主框架倾斜的功能	
35		应用螺栓与附墙支座连接,其装置与导轨之间的间隙应小于 5mm	
36	同步装置设置	连续式水平桁架,应采用限制荷载自控系统	
37		简支静定水平桁架,应采用限制荷载自控系统	

序号 24、25 对应"保证项目"栏目。

61

序号	检查项目		标准	检查结果
38	一般项目	防护设施	密目式安全立网规格型号≥2000目/100cm^2,≥3kg/张	
39			防护栏杆高度为1.2m	
40			挡脚板高度为180mm	
41			架体底层脚手板铺设严密,与墙体无间隙	

自检结论:

检查人(签字):

安装单位技术人员(签字):　　　　　　　　　　安装单位(盖章):

　　　　　　　　　　　　　　　　　　　　　　年　　月　　日

附着式升降脚手架安装验收表　　　　表4-3

专业承包单位		安装负责人	
检验单位		检验报告编号	
验收部位		搭设高度	m

序号	项目	验收要求	验收结果
1	资料部分	施工单位应取得附着式升降脚手架搭设专业资质,架子工经培训后持证上岗,脚手架搭设前必须编制施工方案,有设计计算书和审批手续,有安全操作规程及安全交底记录,各种材料、设备、工具合格证、材质证明,附着装置有专门的检查方法和管理措施,并附试验报告	

序号	项目	验收要求	验收结果
2	架体几何尺寸	架体高度不大于5倍层高,架体宽度不大于1.2m,架体支撑跨度直线布置不大于7m,折线或曲线布置不大于5.4m,架体全高与支撑跨度的乘积不大于110m^2。架体悬臂高度不大于6m和2/5架体高度,整体架体悬挑长度不大于2m且不大于跨度的1/2,单片架不大于水平支撑跨度的1/4	
3	架体结构	受力主框架采用焊接或螺栓连接,架体水平梁采用焊接或螺栓连接的桁架式结构。局部采用扣件脚手架杆件时,长度不大于2m,架体各节点杆轴线应交汇于一点。按要求设置剪刀撑,架体在吊拉点,附着支撑点,升降机设置处,防倾覆、防坠落装置设置处,架体转角和断开处采取可靠的加强措施,卸料平台荷载应传递到建筑结构上	
4	附着支撑机构	穿墙螺栓使用螺母,螺纹露出螺母不少于3扣。在升降和使用情况下,每一架体竖向主框架能够承受该跨全部设计荷载的附着式支撑构造不少于2套	
5	防倾覆、防坠落装置	同一竖向平面内防倾覆装置不少于2套,支撑点间距不小于架体全高的1/3。每架体竖向主框必须设置一个防坠落装置,防坠落装置与提升设备必须分别设置在两套附着支撑结构上	
6	提升装置	提升设备工作性能满足使用要求。升降吊点超过两点不得使用倒链,升降过程平稳可靠,具有超载和欠载报警停机功能,可分别进行整体和局部提升和下降操作,能有效控制和调整提升设备的同步性。相邻提升点的高差不大于30mm,整体架的高差不大于80mm。电动升降脚手架控制系统电源、电缆及控制柜应符合用电安全要求	
7	安全防护	架体外侧用密目安全网封闭,架体底层应满铺脚手板并用平网或密目安全网兜底,并设置可折起的翻板。作业层外侧必须设置1.2m高、上、下两道栏杆,并设挡脚板。架体开口和断开处,必须有可靠的防止人员和物品坠落的措施	

产权单位验收意见：	安装单位验收意见：
负责人(签字)：　(盖章) 　　　　　年　月　日	负责人(签字)：　(盖章) 　　　　　年　月　日
使用单位验收意见：	监理单位验收意见：
项目负责人(签字)：　(盖章) 　　　　　年　月　日	总监理工程师(签字)：　(盖章) 　　　　　年　月　日
施工承包单位验收意见： 项目负责人(签字)：　　　　　　　　　　　　　(盖章) 　　　　　　　　　　　　　　　　　　　年　月　日	

注：首次安装完毕检测合格后应经使用、安装、租赁、施工承包、监理等单位验收
　　再投入使用。

附着式升降脚手架提升、下降作业前检查表　　表 4-4

工程名称			结构形式	
设备名称	附着升降脚手架		型号	
制造单位			提升或下降日期	
提升或下降楼层	层至　层		提升或下降部位	
出租单位			负责人	
安装拆卸单位			项目负责人	

序号	检查项目		标准	检查结果
1	保证项目	支撑结构与工程结构连接处混凝土强度	达到专项方案计算值，且≥C10	
2		附墙支座设置情况	每个竖向主框架所覆盖的每一楼层处应设置一道附墙支座	
3			附墙支座上应设有完整的防坠落、防倾覆、导向装置	
4		升降装置设置情况	单跨升降式可采用捯链；整体各式降式应采用捯链或液压设备；应启动灵敏，运转可靠、旋转方向正确；控制柜工作正常，功能齐备	

序号	检查项目		标　准	检查结果
5	保证项目	防坠落装置设置情况	防坠落装置应设置在竖向主框架处并附着在建筑结构上	
6			每一升降点不得少于一个，在使用和升降工况下都能起作用	
7			防坠落装置与升降设备应分别独立固定在建筑结构上	
8			应具有防尘、防污染的措施，并应灵敏可靠和运转自如	
9			设置方法及部位正确，灵敏可靠，不应有人为失效	
10			钢吊杆式防坠落装置，钢吊杆规格应由计算确定，且直径不应小于25mm	
11		防倾覆装置设置情况	防倾覆应包括导轨和两个以上与导轨连接的可滑动的导向件	
12			在防倾覆导向件的范围内应设置防倾覆导轨，且应与竖向主框架可靠连接	
13			在升降和使用两种工况下，最上和最下两个导向件之间的最小间距不得小于2.8m或架体高度的1/4	
14		建筑物的障碍物清理情况	无障碍物阻碍外架的正常滑升	
15		架体构架上的连墙件	应全部拆除	
16		塔式起重机或施工电梯附墙装置	符合专项施工方案的规定	
17	一般项目	专项施工方案	符合专项施工方案的规定	
18		操作人员	经过安全交底并持证上岗	
19		运行指挥人员，通信设备	人员已到位，设备工作正常	
20		监督检查人员	总承包单位和监理单位人员已到场	
21		电缆线路开关箱	符合《施工现场临时用电安全技术规范》JGJ 46—2005中的对线路负荷计算的要求，设置专用的开关箱	

65

检查意见：	检查意见：	检查意见：	检查意见：
总承包单位（签字） 年 月 日	分包单位（签字） 年 月 日	出租单位（签字） 年 月 日	安装拆卸单位（签字） 年 月 日
符合要求，同意使用（ ） 不符合要求，不同意使用（ ） 总监理工程师（签字）： 年 月 日				

注：本表由施工单位填报，监理单位、施工单位、出租单位、安装拆卸单位各存
　　一份。

第四节　使用工况安全技术要求

1. 附着式升降脚手架应按设计性能指标使用，不得随意扩大它的使用范围。架体上的施工荷载应符合设计规定，不得超载，不得放置影响架体局部安全的集中荷载。

2. 施工单位应将架体内的混凝土、建筑垃圾和杂物等清理干净。

3. 附着式升降脚手架在使用过程中不得进行下列作业：

（1）利用架体吊运物料。

（2）在架体上拉接吊装缆绳（或缆索）。

（3）在架体上推车。

（4）任意拆除结构件或松动连接件。

（5）拆除或移动架体上的安全防护设施。

（6）利用架体支撑模板或卸料平台。

（7）其他影响架体安全的作业。

4. 当附着式升降脚手架停用超过三个月时，应对其提前采取加固措施。

5. 当附着式升降脚手架停用超过一个月或遇六级及以上大风后复工时，应对其进行检查，检查合格后方可使用。

6. 对螺栓连接件、升降设备、防倾覆导向装置、防坠落装置、同步控制装置等每月进行维护保养。

第五节　安装拆卸作业的安全技术规定

1. 安装拆卸的安全技术措施

（1）安装前应根据专项施工方案机位布置图，对照现场建筑结构进行放线，确定机位的正确位置。在安装过程中，如出现施工现场与专项施工方案不符，需要进行方案变更时，应按照程序重新进行审核与报批。

（2）检查支撑基础。对于不符合安装要求的支撑基础及时整改，符合安装要求后方可安装。

（3）在安装前检查各构件有无裂纹或开焊，若有裂纹或开焊应及时维修或更换构件，防止不符合要求的构件被安装在架体上。

（4）各零部件、构件之间的连接螺栓及销轴均应保持对正，不得随意割孔安装，更不得使用直径较小的螺栓代替。

（5）在管材构件连接时，应采用厚垫片，避免螺栓孔凹陷。

（6）螺栓应按规定力矩拧紧。对有预应力要求的连接螺栓，应使用扭力扳手或专用工具。对螺栓组，应按规定的顺序将螺栓准确地紧固到规定的扭矩值。

（7）倒链、电控系统等应采用同一厂家、相同型号和相同生产批次的产品，以保证架体升降的同步，减少升降动力系统对架体造成不均衡、不同步的影响。

（8）卸料平台使用时，确保与升降架架体完全脱离，确保荷载传到建筑结构上。升降时卸料平台可附着在架体上升降。

（9）电控系统的安装必须由持证电工操作。电源接线的接地、接零及漏电保护需灵敏可靠，且符合相关规范要求。

2. 安装拆卸的安全操作规程

（1）安装拆卸作业人员经过培训合格，方可进行安装拆卸作业。严禁未经过培训和安全交底的人员实施安装拆卸和升降作业。

（2）安装拆卸作业人员应戴安全帽，使用安全带，穿防滑鞋。

（3）酒后、过度疲劳、服用不适应高处作业的药物或情绪异常者，不得参与安装拆卸作业。

（4）作业前，场地应被清理干净，清除障碍物，并用标志杆或警戒线进行隔离，禁止非作业人员进入安装拆卸现场。

（5）架体下的施工安全通道上应加设安全防护层，架体下严禁站人和施工，无关人员不得停留在架体上。

（6）当遇到五级及以上大风、大雨、大雪、浓雾和雷雨等恶劣天气时，不得进行安装拆卸作业。严禁夜间进行安装拆卸作业。

（7）在安装拆卸过程中，架体上的作业人员、零部件和工具物料的总重量不得超过规范规定的荷载。

（8）零部件、工具和物料应均匀、稳定放置在脚手板上，不得放置在翻板和翻板连接件上，也不得靠压防护网板。不得在堆放零部构件及材料时进行升降作业。

（9）安装拆卸作业人员需要配备工具袋，注意管控好小型工具，工具使用完毕后随手放入工具袋。

（10）在安装拆卸过程中，对小件物品如螺栓、销轴等，要用专用收纳器具收纳，不得随意放置在架体上，防止小件物品高空坠落伤人。

（11）应有可靠的防止人员或物料坠落的措施，不得以投掷的方式传递工具或器材，禁止在高空抛掷任何物件。

（12）避免附着式升降脚手架安装拆卸作业与其他工种立体交叉作业。

（13）安装作业时，作业人员应与建筑边缘保持安全距离；在狭小场地作业时，作业人员和设备均应采取有效的防坠落措施。

（14）利用塔式起重机、卷扬机等起重设备进行安装拆卸时，必须符合起重设备安全技术规程要求，不允许超载。

（15）在发生故障或危及安全的情况时，应立即停止作业，采取必要的安全防护措施，设置警示标志，并报告技术负责人。在故障或险情未排除之前，不得继续作业。

（16）作业人员在下班离岗前，应对作业现场采取必要的保护措施，并设置明显的警示标志。

（17）遇到意外情况立即停止作业时，对已安装的部件进行固定，确认安全后施工人员方能撤离。

（18）安装完毕后，应及时拆除为安装作业而设置的所有临时设施，清理施工场地上作业时使用的索具、工具、辅助用具、各种零配件和杂物等。

（19）拆卸作业前，应对架体拆除环境进行检查和处理，确保架体上材料、垃圾已被清理干净，安全警戒线已按要求设置。

（20）对连接螺栓、附墙件、安全装置进行检查，在确保安全的情况下进行拆卸作业。

第五章　附着式升降脚手架
安装、升降和拆卸

第一节　附着式升降脚手架组成部分

附着式升降脚手架主要由以下七部分组成：

（1）竖向主框架：立杆、三角撑、导轨。

（2）水平桁架：水平桁架等。

（3）架体构架：立杆、三角撑、钢脚手板、顶部斜杆、副板、翻板、外立网。

（4）附着系统：导轨、附着支座、穿墙螺栓。

（5）安全保护系统：防倾覆装置、防坠落装置。

（6）驱动系统：捯链、提升支座、提升桁架。

（7）控制系统：控制计算机、主控箱、分控箱、测力传感器、电缆线及插头等部件。

第二节　安装范围、流程及要求

1. 使用范围

附着式升降脚手架主要用于民用高层建筑中的外脚手架施工。

2. 安装流程

图 5-1 为附着式升降脚手架构造图，具体安装施工工艺流程如下：

（1）搭设基础架并调整水平度不大于 3mm。

（2）铺设基础架钢脚手板。

（3）安装下节竖向主框架、架体构架立杆、导轨、第 2 道钢脚手板，安装高度 6m，临时拉接架体在建筑结构上。

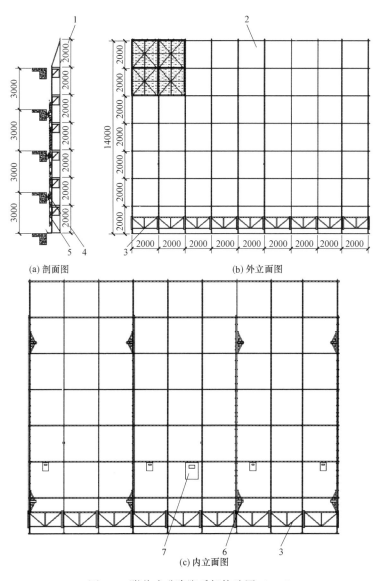

(a) 剖面图

(b) 外立面图

(c) 内立面图

图 5-1　附着式升降脚手架构造图（mm）

1—竖向主框架；2—架体构架；3—水平桁架；4—安全保护系统；
5—附着系统；6—提升系统；7—控制系统

（4）安装第 2 道钢脚手板、第 1 道外立网。

（5）安装第 1 道附墙支座并卸荷。

（6）连续组装架体直至安装完成第 2 层架体。

（7）安装上节竖向主框架、架体构架立杆、中节导轨。

（8）连续组装架体直至安装完成第 3 层架体。

（9）连续组装架体直至安装完成第 4 层架体顶部斜杆。

（10）铺设电源线，安装提升设备，调试运行。

第三节　总体安全要求

1. 附着式升降脚手架安装时风速不大于 8m/s（四级风），提升和下降时风速不大于 14m/s（六级风），可采用风速仪在现场测试脚手架最高处的阵风风速。

2. 附着式升降脚手架提升和下降应在白天进行，不宜在晚上或光线昏暗的情况下进行。

3. 附着式升降脚手架工作电源电压允许误差为±5%，供电容量应达到实际装机容量的 1.5 倍。

4. 附着式升降脚手架附着点的建筑结构混凝土的强度应由计算确定，但不应小于 C10。

5. 附着式升降脚手架竖向主框架应在架体覆盖的二层、三层、四层位置安装三道附墙支座，每道附墙支座均应配置防坠落装置。

6. 全钢型附着式升降脚手架施工工况中的施工荷载为 2kN/m^2×3 步（结构施工）或 3kN/m^2×2 步（外墙装饰），并严格控制荷载，保持架体上无堆载。

第四节　施工前的准备工作

1. 编制施工方案

（1）施工方案应根据建筑物平面、立面的建筑图与结构施工图布置升降脚手架的机位。

（2）机位附墙点应避开建筑结构的柱、内墙、悬挑或内缩等建筑结构。

（3）机位沿建筑物外墙四周连续、交圈布置，相邻机位之间的距离直线段不大于 6m，拐角段不超过 5.4m，两机位间距较大时，提升挂座应对称布置。

（4）建筑框架结构的预留孔宜设置在梁的中间以上，在转角处的预留孔尽可能设在结构梁上。当无法避免结构柱时，宜在柱中心位置预埋螺栓或螺孔套筒。

（5）在建筑窗过梁、跨度较大的边梁或阳台边梁等悬挑结构上布置机位时，应复核建筑结构强度，当强度不满足时，应采取结构加固或设置临时支撑等措施。

（6）所有预留孔的设置方案均应在施工前向施工总承包单位提供，由设计方认可签字后才能实施。施工后，施工方须提供隐蔽工程验收单，确认符合要求后方可进行架体的搭设和提升作业。

2. 施工准备

（1）附着式升降脚手架在安装搭设前，在安装层内应搭设可靠的基础架，并确保能承受安装时的施工荷载。

（2）附着式升降脚手架的机位分布位置应符合施工方案要求，其平面定位误差≤50mm，标高定位误差≤30mm。

（3）附着式升降脚手架与建筑结构拉接的预留孔，应有明确的预留尺寸及定位措施，并有防止砂浆进入预留孔的措施，并指定专人负责，预留孔尺寸见图 5-2。

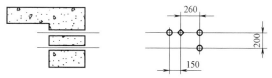

图 5-2　预留孔尺寸（mm）

（4）附着式升降脚手架的底部应与建筑结构可靠拉接，其间距≤3m（图 5-3）。

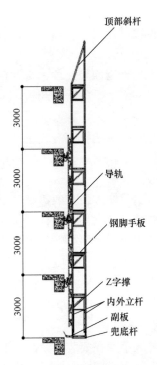

图 5-3 附着式升降脚手架底部与建筑结构可靠拉接（mm）

第五节 安装与标准

1. 安装搭设

架体搭设要求如下。

（1）架体杆件物理性能应符合《碳素结构钢》GB/T 700—2006 中 Q235 钢的标准。

（2）架体搭设：一般搭设分 7 步，第 1 步设置水平支撑结构，并按如下规定要求搭设：

1）架体内立杆纵向最大距离为 2.0m。

2）水平桁架沿内、外排架体内侧交圈搭设。

3）当底部承力架安装位置的一层建筑结构完成后，混凝土强度应由计算确定，但不应小于C10，用穿墙螺栓固定附墙导座。

4）搭设第3、4、5步脚手架，步距均为2.0m，在主框架位置与建筑结构做硬拉接。

5）竖向主框架必须与建筑结构做硬拉接，拉接点的间距如下：垂直方向每个楼层不大于4m，水平方向不大于4.5m。

2. 验收标准

（1）架体安装质量验收标准

架体安装质量验收标准参见相关企业标准中的"附着式升降脚手架搭设验收自检表"。

（2）提升系统的要求

1）捯链应由持有起重机械生产许可证的生产厂家生产，产品应符合国家有关标准要求。

2）在同一单体工程的附着式升降脚手架中使用的捯链必须是同一厂家、同一型号、同一规格的产品。严禁与其他品牌混用。

（3）电气控制系统

1）电气控制系统应能满足捯链单机工作和群机共同工作的要求，当群机工作时单机出现故障，小控制箱上应显示该机位置的信号。操作台上应有电源总开关，并能方便地接通和切断总电源。

2）当捯链单机载荷达到额定载荷的1.25倍时，电源电压值为0.9倍额定电压时，应能正常工作。当捯链单机载荷超过1.25倍额定荷载时，就停止工作，并能显示。

3）电气系统应有接地、短路、过流保护、防漏、防雷等安全保护措施，机群或单机缺相工作时能显示。

4）电气控制系统应由具有生产资质的专业厂家生产，采用元件及电缆应附有产品合格证书及检测报告。

（4）防坠落装置的要求

1）防坠落装置只能在有效的标定期限内使用，防坠落器的有效标定期限不得超过二年。

2）防坠落器在第一次使用前应抽检批量的 10%进行防坠落性能试验，并做好记录。

3）防坠落装置坠落距离不大于 80mm，承载能力大于或等于提升机具的额定承载能力。

第六节　安装操作步骤

1. 平台搭设

在附着式升降脚手架安装前先搭设基础架。基础架为钢管双排架，底部地面夯实并垫木方，架体步距 1.8m，立杆间距 1.2m，架宽 0.8m，内横杆距墙大于 0.3m，外横杆距墙大于 1.2m，架顶横杆水平度 10～30mm，并每步用钢管与建筑物拉接。拉接点水平距离不大于 3m，架顶平台外侧防护栏杆高 1.5m，见图 5-4。基础架应能承受大于 $10kN/m^2$ 的荷载。

2. 钢脚手板组装

将钢脚手板与立杆用螺栓连接，然后按平面布置图的布置尺寸把钢脚手板与建筑结构物平行摆放，然后依次连接。

3. 立杆组装

按照平面布置图的布置尺寸放置立杆及导轨，用螺栓将立杆与钢脚手板固定。水平桁架与立杆之间用螺栓连接，相邻竖向主框架的高差不应大于 20mm。

4. 第二步钢脚手板组装

组装好所有立杆后，开始组装第二步钢脚手板，每层架体在搭设期间至少要在每个机位保留一个固定连接杆，以保持架体稳定。

5. 金属防护网的组装

金属防护网的上、下、左、右边框各有两个连接点。安装

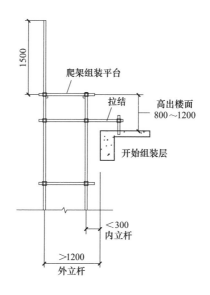

图 5-4　平台搭设（mm）

时，侧边用螺栓与外立杆侧边用 M16 螺栓连接，上端网片与下端网片的连接点用 M16 螺栓相互连接。

6. 附墙支座安装

检查预埋孔位置正确后，将附墙导座用 2 个 M30 螺栓安装在结构物的预埋孔中，螺栓两端各加 100mm×100mm×10mm 垫片 1 个、螺母 2 个；然后将左、右导向轮套入导轨，导向轮架通过螺栓与安装到附墙导座的导轮架连接板上；再在附墙导座上安装可调式卸荷撑杆。

第七节　升降与使用工况

1. 施工条件

（1）所有操作人员必须持有由相关主管部门核发的架子工操

作证，在施工期间，有伤病、酗酒、恐高的人员不得上架操作，上架人员必须佩带各种防护用品。

（2）架子升降工作应在小于五级风时进行，如遇台风、大雨、大雪天气不得进行架子提升。

（3）升降前检查附着点混凝土的强度，混凝土强度不应小于C10，并向总承包单位提供强度报告。

2. 升降工况

架体组装完成后要进行一次全面的检查，检查合格后，方能开始升降作业。

（1）一般情况下，在一个脚手架平面内划分若干区域（以每个人分管4~5个机位为一个区域），各区域的人员负责升降过程中的检查，排除故障，向提升组长汇报情况等工作。

（2）在每个管辖区内检查每台捯链的运转情况，通过控制台分别启动捯链，使每个机位的捯链恰好处于受力状态，观察控制器，应使每个吊点的荷载控制在理论自重荷载之内。

（3）在每个管辖区内拆除所有建筑结构与脚手架之间的硬拉接，并检查结构施工时是否有外伸钢管、木板、模板螺栓等与脚手架在提升过程中相碰，最后拆除导向支座卸荷顶撑，撤离脚手架上的施工人员。

（4）经检查确认脚手架、上下吊点桁架、捯链、电气控制系统均合格后，由施工组长下令开始升降，升降100mm时停机检查，确认安全检查后继续升降。

（5）在升降过程中各区域分管人员应观察以下各方面的情况：

1）脚手架离墙距离应均匀，内倾或外倾的垂直度应小于2‰。

2）在升降过程中，一旦发现障碍物，立即清除，如有必要则停止升降，待清除障碍后，再继续施工。

3）捯链应同步升降，不应有超前或滞后的现象。

4）支撑结构良好不变形，穿墙螺栓紧固情况良好。

5）升降过程中，施工组长要巡回检查各处的运转情况，要密切注意和控制各仪表的数据，发现异常立即停机，待排除故障后才能继续施工。

3. 使用工况

（1）附着式升降脚手架必须按照设计性能指标进行使用，不得随意扩大使用范围。架体上的施工荷载必须符合设计规定，严禁超载，严禁放置影响局部杆件安全的集中荷载。

（2）架体内的建筑垃圾和杂物应及时清理干净。

（3）附着式升降脚手架在使用过程中严禁进行下列作业：

1）利用架体吊运物料。

2）在架体上拉接吊装缆绳（索）。

3）在架体上推车。

4）任意拆除结构构件或松动连接件。

5）拆除或移动架体上的安全防护设施。

6）利用架体支撑模板。

（4）其他影响架体安全的作业。

1）当附着式升降脚手架停用超过三个月时，应对其采取加固措施。

2）当附着式升降脚手架停用超过一个月或遇六级（含六级）以上大风后复工时，必须对其进行检查，合格后方可使用。

3）螺栓连接件、升降设备、防倾覆装置、防坠落装置、电控设备等应每月检查。

第八节 制 作

1. 一般要求

（1）附着式升降脚手架的竖向主框架、水平桁架等构架的制作必须严格按照规定顺序批准的图纸加工制作，材料、尺寸、加工精度等必须符合图纸规定的技术要求。

（2）对竖向主框架、水平桁架等构架的主要受力部位的电焊焊缝的强度不得小于母材强度的要求。

（3）对各构件电焊焊接截面有突变的部位，焊缝必须有分散应力的措施。

2. 材料要求

（1）制作附着式升降脚手架的钢结构构件所选用的材料应符合设计要求，其材质要符合规范规定。

（2）材料本身不得有缺陷。外形尺寸、厚度要符合国家标准，不得有裂纹、夹层及严重锈蚀。

（3）焊接的焊条宜用 T422、$\phi 3.2$、$\phi 4$ 的焊条。

3. 制作要求

（1）钢结构件的制作要保证设计尺寸的精度，制作工艺应有胎模、夹具。制定必要的焊接工艺以防止产生过大的变形。

（2）附着式升降脚手架选用的螺纹连接件，必须采用标准件厂生产的标准螺栓、螺母。外螺纹一定要采用挤压成形的螺纹，严禁采用板牙套丝。

4. 制作质量标准

（1）钢结构构件的尺寸公差应符合钢结构构件的施工规范要求，并按《钢结构工程施工质量验收标准》GB 50205—2020 要求验收。

（2）焊缝不得有气孔、夹渣、咬肉和未焊透等缺陷。焊缝高度应符合施工图设计要求。

（3）所有钢结构构件制作完成后要通过质量检验，填报质量检验单。

第九节 维 护 保 养

1. 在附着式升降脚手架每一次提升间隙，应对捯链进行保养，包括对减速机加油润滑，对起重链的润滑，以及钢网的维护整修、电气线路的检查、防坠落器清理保养。

2. 对脚手架的竖向框架、水平桁架、附墙支座、导轮、防坠落器等及各节点的焊缝进行全面检查，确认完好后方能继续使用。

第十节　安全技术措施

1. 脚手架使用单位应对操作人员进行施工上岗交底，脚手架每次升降前后均有验收制度。

2. 脚手架搭设后经验收合格后方能投入使用。

3. 脚手架升降时下方设警戒区，禁止外来人员进入。

4. 脚手架升降时，架体上不得有任何载物，拆下的螺栓等零部件应妥善保管，防止高空坠落伤人。

5. 脚手架以一个楼层为一个工作段提升或下降，及时安装好所有附墙支座卸荷顶撑，严禁操作人员下班时将脚手架用捯链吊挂悬空。

6. 脚手架在提升或下降过程中每个区域的人员应严格监护，如发生故障，立即采取措施排除故障，故障排除后方能继续提升、下降。

7. 全体操作人员应使用安全带。

8. 捯链、防坠落器、电气控制柜应设防雨措施，雨后的升降须对上述电气设备进行绝缘电阻检查，绝缘电阻不应大于 0.5MΩ。

9. 升降时不得有人在附着式升降脚手架上施工。

10. 脚手架外侧的金属防护网与架体连接牢固。

11. 六级风以上（包括六级）不得升降作业，并且要增加硬拉接点，增加脚手架的稳定性。

12. 下雪后工作前要清除积雪，并经检查合格后方可使用。

13. 附着式升降脚手架的提升条件，结构混凝土的强度应由计算确定，但不应小于 C10，方可提升。

14. 在提升或下降过程中如发现脚手架有倾斜，应停止提升或下降，待纠正后方可继续提升或下降。

第十一节 拆 除

1. 按先后顺序拆除电源线、捯链控制线、捯链、主控箱、分控箱、测力传感器等。

2. 升降脚手架拆除前，必须在升降脚手架下方搭设安全挑网，挑网挑出建筑物不少于 3m。

3. 清除架上的材料、工具等杂物。

4. 检查各部位连接，确保可靠，设临时拉接。

5. 按照先搭后拆、后搭先拆的原则进行拆除，逐层由上而下进行拆除。

6. 将吊装用钢丝绳（或链条）钩挂牢在分组处的架体折叠单元上节的吊钩上，塔式起重机稍往上提，将其张紧。

7. 先断开上 8m 立杆、外立网、脚踏板、上节导轨等部件，与下 6m 的架体连接，最后拆除最顶部附墙支座。

8. 再将下 6m 的架体分组断开，拆除 2 处附墙支座，吊至地面。

9. 严禁将各构配件抛至地面。

第十二节 验 收

1. 附着式升降脚手架安装前应具有下列文件：

（1）相应资质证书及安全生产许可证。

（2）附着式升降脚手架鉴定、验收、评估的证书。

（3）特种作业人员和管理人员岗位证书。

2. 附着式升降脚手架应在下列阶段进行检查与验收：

（1）首次安装完毕。

（2）提升或下降前。

（3）提升、下降到位，投入使用前。

3. 附着式升降脚手架首次安装完毕及使用前，应按规定进行检验，合格后方可使用。

4. 在附着式升降脚手架提升、下降作业前，应按规定进行检验，合格后方能实施提升或下降作业。

5. 在附着式升降脚手架使用、提升和下降阶段，均应对防坠落、防倾覆装置进行检查，合格后方可作业。

6. 附着式升降脚手架所使用的电气设施和线路应符合《施工现场临时用电安全技术规范》JGJ 46—2005 的要求。

第六章 安全技术操作规程

第一节 概　　述

为了贯彻"安全第一，预防为主"的方针，为客户提供更好的产品和服务，提高现场产品质量和现场施工技术水平，以在实践中积累的经验，并结合国家、行业规范要求，形成本操作规程。

第二节 总　　则

1. 为加强附着式升降脚手架产品设计、制作、使用、检验的管理以及确保施工安全，促进企业标准化管理，需提前制定安全技术操作规程。

2. 附着式升降脚手架是指采用各种形式的架体结构及附着支撑结构、依靠设置于架体上或者工程结构上的专用升降设备实现升降的施工外脚手架。

3. 操作适用于在高层、超高层建筑工程结构上使用的附着式升降脚手架。

4. 应遵守其他有关的现行国家和行业的规范、规程、标准和规定。

第三节 一 般 规 定

1. 附着式升降脚手架应具有足够强度和刚度，以及构造合理的架体结构；应具有安全可靠，适应于工程结构特点，且满足支撑与防倾覆要求的附着支撑结构；应具有可靠的升降动力设备和能保证同步性能及限载要求的控制系统或控制措施；应具有可靠的防坠落等方面的安全装置。

2. 在附着式升降脚手架中采用的升降动力设备、防坠落装置、同步及限载控制系统等定型产品的技术性能与安全度应满足附着式升降脚手架的安全技术要求。

3. 附着式升降脚手架在保证安全的前提下应力求技术先进、经济合理、方便施工。

4. 附着式升降脚手架设计时，应明确其技术性能指标和适用范围，在使用中，不得违反技术性能规定，扩大使用范围。

5. 使用附着式升降脚手架的工程项目必须根据工程特点及使用要求编制专项安全施工组织设计，履行审批手续后予以执行。

第四节　设计及计算

1. 一般规定

（1）附着式升降脚手架的设计计算应执行《建筑施工工具式脚手架安全技术规范》JGJ 202—2010、《建筑结构荷载规范》GB 50009—2012、《钢结构设计标准》GB 50017—2017、《冷弯薄壁型钢结构技术规范》GB 50018—2002、《混凝土结构设计规范》（2015 年版）GB 50010—2010 以及其他有关的标准和规定。

附着式升降脚手架的架体结构和附着支撑结构应按以概率理论为基础的极限状态设计法进行设计计算，承载力按下式进行计算：

$$\gamma_0 S \leqslant R$$

式中：S——作用效应组合的设计值；

R——结构抗力的设计值；

γ_0——结构重要性系数，按脚手架结构设计时取 0.9，按工程结构设计时取 1.0。

（2）附着式升降脚手架升降机构中的吊具、索具，按机械设计的容许应力设计法进行设计计算，即按下式进行计算：

$$\sigma \leqslant [\sigma]$$

式中：σ——设计应力；

　　$[\sigma]$——材料容许应力。

（3）附着式升降脚手架应按其结构形式与构造特点，确定不同工况下的计算简图，分别进行荷载、强度、刚度、稳定性计算或验算。必要时，应通过整体模型试验验证脚手架架体结构的强度与刚度。

（4）附着式升降脚手架的设计除应满足计算要求外，还应符合有关构造及装置规定。

在满足结构安全与使用要求的前提下，附着式升降脚手架的设计应尽量减轻架体的自重。

2. 构造及装置规定

（1）附着式升降脚手架的架体尺寸见表 6-1。

附着式升降脚手架的架体尺寸　　　　　表 6-1

项目	规定
架体高度	≤5 倍楼层高度
架体宽度	0.64m
架体步距	2.0m
直线布置架体跨度	6.0m
折线或曲线布置架体跨度	5.4m
架体高度与支撑跨度乘积	81m^2
悬挑长度	不宜大于 1/2 相邻跨架体跨度，最大值不得超过 2m
立杆间距	≤2m

（2）附着式升降脚手架的架体结构应符合如下规定：

1）架体在与附着支撑结构相连的竖向平面内必须设置具有足够刚度与强度的定型竖向主框架。

2）竖向主框架不得采用一般脚手管和扣件搭设，竖向主框架与附着支撑结构的连接，不得采用脚手扣件或碗扣。

3）架体板内部应设置必要的竖向斜杆和水平斜杆，以确保架体结构的整体稳定性。

（3）架体结构在下列部位应采取可靠的加强构造措施：

1）与附着支撑结构连接处。

2）位于架体上的升降机构的设置处。

3）位于架体上的防坠落装置的设置处。

4）平面布置的转角处。

5）碰到塔式起重机、施工电梯、物料平台等设施而断开或开洞处。

6）其他有加强要求的部位。

（4）附着式升降脚手架架体安全防护措施见表6-2。

附着式升降脚手架架体安全防护措施　　　　表6-2

项目	要求
外防护	定型冲孔网
底部防护	钢脚手板封闭
架体与工程结构外表面之间	定型防护翻板
单片架体之间	侧面防护网

（5）物料平台等可能增大架体外倾力矩的设施必须单独设置、单独升降，不得与附着式升降脚手架连接。

（6）附着支撑结构采用螺栓加弹簧垫片与工程结构连接，螺杆露出螺母不应少于3牙。螺栓宜采用穿墙螺栓，若必须采用预埋螺栓时，则预埋螺栓的长度及构造应满足承载力要求。螺栓钢垫板不得小于100mm×100mm×10mm。

（7）架体结构内侧与工程结构之间的距离不宜超过0.4m，超过时，对附着支撑结构应加强。位于阳台等悬挑结构处的附着支撑结构底部封闭防护应有相应措施。

（8）附着式升降脚手架的升降动力设备应具有满足附着式升降脚手架使用要求的工作性能，用于整体式附着式升降脚手架的升降动力设备应有相应的同步及限载控制系统相配套。

（9）脚手架平面布置中，升降动力机位应与架体主框架对应布置，并且每一个机位设置不少于一套防坠落装置。防坠落装置的技术性能除满足承载力的要求外，制动距离应符合表 6-3 的规定。

防坠落装置制动距离　　表 6-3

类别	制动距离(mm)
卡阻式防坠落装置	≤150
夹持式防坠落装置	≤80

3. 荷载

（1）恒荷载标准值 G_K 取值应按以下规定：

架体结构、围护设施、作业层设施、固定于架体上的升降机构及其他设备、装置等的自重，可按《建筑结构荷载规范》GB 50009—2012 确定。对木脚手板、竹串片及冲压钢脚手板，考虑到搭接、吸水、沾浆等因素，取自重标准值为 $0.35kN/m^2$。

（2）施工活荷载标准值 Q_K 取值应按以下规定：

1）使用工况下可按三层作业，每层 $2kN/m^2$；或按二层作业，每层 $3kN/m^2$ 计算。

2）升降工况与坠落工况下按作业层水平投影面积 $0.5kN/m^2$ 计算。

（3）风荷载标准值 W_K 按下式计算：

$$W_K = k \cdot \beta_z \cdot \mu_s \cdot \mu_z \cdot W_o$$

式中：k——按 5 年重现期计算的风压折减系数，取 $k=0.7$；当按六级风计算风压值时，不考虑风压折减，取 $k=1.0$；

μ_z——风压高度变化系数，应按《建筑结构荷载规范》GB 50009—2012 规定取用；

β_z——风振系数，仅在附着式升降脚手架使用高度超过 100m 时考虑，应按《建筑结构荷载规范》GB 50009—2012 规定取用；

W_o——风压值，应按《建筑结构荷载规范》GB 50009—2012 附表 D.4 中 $n=10$ 年的规定采用；工作状态应按本地区的 10 年的规定采用；升降机坠落工况下按六级风考虑，取 $W_o = 0.25kN/m^2$；

μ_s——风荷载体形系数，按表 6-4 选用：

风荷载体形系数表 表 6-4

背靠建筑物的状况	全封闭	敞开、开洞
μ_s	1.0φ	1.3φ

表 6-4 中：φ——挡风系数，$\varphi = 1.2A_n/A_w$。其中，A_n 为挡风面积，A_w 为迎风面积。防护架架体为敞开式单脚手架的 φ 值宜按《建筑施工扣件式钢管脚手架安全技术规范》JGJ 130—2011 附录 A 表计算。

4. 设计指标

（1）钢材宜采用力学性能适中的 Q235A 钢，钢材强度设计值与弹性模量按表 6-5 取用。

钢材强度设计值与弹性模量（N/mm²） 表 6-5

厚度或直径（mm）	抗拉、抗弯、抗压 f	抗剪 f_v	端面承压 f_{ce}	弹性模量 E
≤16	205	125	320	2.06×10^5
17～40	200	115	320	

（2）焊缝强度设计值按表 6-6 取用。

焊缝强度设计值 表 6-6

焊接方法和焊条型号	钢号	厚度或直径（mm）	对接焊缝（N/mm²）			角焊缝（N/mm²）
			抗拉和抗弯 f_{tw}	抗压 f_{cw}	抗剪 f_{vw}	抗拉、抗压、抗剪 f_{tw}
自动焊、半自动焊和 E43××型焊条的手工焊	Q235	≤16	185	215	125	160
		17～40	170	200	115	160

89

（3）螺栓连接强度设计值按表 6-7 取用。

螺栓连接强度设计值（N/mm^2） 表 6-7

钢号	抗拉 f_{tb}	抗剪 f_{vb}
Q235	170	130

（4）受压构件容许长细比不应超过表 6-8 规定的值。

受压构件容许长细比 表 6-8

构件类别	容许长细比[λ]
受压构件	150

（5）受弯构件的容许挠度值不应超过表 6-9 规定。

受弯构件的容许挠度值 表 6-9

构件类别	容许挠度
大横杆、小横杆	$L/150$
水平支撑结构	$L/350$

注：L 为跨距（mm）。

第五节　构配件制作

1. 一般规定

（1）对附着式升降脚手架的构配件应根据设计单位提供的设计图和设计技术文件编绘全套制作工艺文件，对构配件的各部件均应编制工艺卡。

（2）加工附着式升降脚手架构配件的设备、机具应满足构配件制作精度的要求，计量器具应定期进行计量检定。

（3）构配件的贮存应有防雨、防腐蚀措施，堆放、运输应保证构配件的制作质量不受影响。

2. 材料要求

（1）制作构配件的原材料应有生产厂家产品合格证及材

质单。

（2）型钢、钢板应符合《碳素结构钢》GB/T 700—2006 中Q235A 钢的规定，并满足设计要求。

（3）焊条等连接材料应符合设计要求。

3. 制作工艺

（1）构配件制作过程应实行工序控制，保证构配件制作质量。

（2）原材料进厂时必须进行材料物理力学性能与化学成分的抽检。

（3）原材料下料前应进行校直调整，下料应按照设计图纸准确进行，剖口等质量应满足相关国家标准的要求。

（4）钢结构的焊接工艺应符合《冷弯薄壁型钢结构技术规范》GB 50018—2002 等相关标准规范的要求。焊接截面有突变的部位，焊缝必须有分散应力的措施。

（5）附着式升降脚手架的螺纹连接件，除标准件厂生产的标准螺栓、螺母外，凡自行加工的螺纹必须按相应国家标准的规定进行加工。

（6）脚手架构配件的油漆、电镀等工艺流程，应满足国家相关标准的要求。

4. 制作质量标准及检验

（1）构配件制作应制定质量评定标准，有焊接工艺、油漆电镀工艺的还应另行制定焊接质量评定标准和油漆电镀质量评定标准。质量评定标准中对各分项、各等级的质量标准，应根据国家有关标准和企业标准给出明确规定。

（2）附着式升降脚手架构配件出厂时，制作单位应提供出厂合格证等书面资料。

（3）构配件合格证宜包括下列内容：

1）名称、型号、规格、基本技术性能参数。

2）加工单位名称、地址、电话、邮编。

3）加工日期、批号。

4）单件最大尺寸与质量。

5）质量检验人员编号。

第六节　外购件的选用

1. 附着式升降脚手架产品所用的紧固螺栓、螺帽必须采用正规厂家生产的标准螺栓、螺帽，螺牙制作禁止用板牙套丝。

2. 附着式升降脚手架所用的电控装置和荷载控制装置应由专业厂家生产，绝缘电阻和接地电阻均应符合要求。

3. 升降捯链额定起重量为 7.5t，加载 125% 转速正常，工作性能良好。

第七节　安装和使用

1. 一般规定

（1）附着式升降脚手架安装，每一次升降及拆除前均应根据专项施工组织设计要求组织技术人员与操作人员进行技术、安全技术交底。

（2）遇五级以上（包括五级）大风、大雨、大雪、浓雾等恶劣天气时，禁止人员在附着式升降脚手架上作业。遇五级以上（包括五级）大风时，还应事先对脚手架采取必要的加固措施或其他应急措施，并撤离架体上的所有施工活荷载。夜间禁止进行附着式升降脚手架的升降作业。

（3）附着式升降脚手架施工区域应有防雷措施。

（4）附着式升降脚手架在安装、升降、拆除过程中，在操作区域及可能坠落范围均应设置安全警戒线。

（5）在附着式升降脚手架使用过程中，施工人员应遵守《建筑施工高处作业安全技术规范》JGJ 80—2016 的有关规定。各工种操作人员应基本固定，并按规定持证上岗。

（6）附着式升降脚手架施工用电应符合《施工现场临时用电

安全技术规范》JGJ 46—2005 的要求。

（7）在单项工程中使用的升降动力设备、同步及限载控制系统、防坠落装置等设备，应分别采用同一厂家、同一规格型号的产品，并应编号。

（8）动力设备、控制设备、防坠落装置等应有防雨、防尘等措施，对一些保护要求较高的电子设备还应有防晒、防潮、防电磁干扰等措施。

（9）附着式升降脚手架上应设置必要的消防设施。

2. 施工准备

（1）根据工程特点与使用要求编制专项施工组织设计。对特殊尺寸的架体进行专门设计，架体在使用过程中因工程结构的变化而需要局部变动时，应制定专门的处理方案。

（2）根据施工组织设计要求，明确现场施工人员及组织机构。

（3）核对脚手架搭设材料与设备的数量、规格，查验产品质量合格证（出厂合格证）、材质检验报告等文件资料，必要时，应进行抽样检验。主要搭设材料应满足以下规定：

1）架体构件外观表面质量平直、光滑，没有裂纹、分层、压痕、硬弯等缺陷，并应进行防锈处理。立杆最大弯曲变形应小于 $L/500$（L 为立杆长度，mm），横杆最大弯曲变形应小于 $L/150$。端面平整，切斜偏差应小于 1.70mm。实际壁厚不得小于标准公称壁厚的 90%。

2）焊接件焊缝应饱满，焊缝高度符合设计要求，无咬肉、夹渣、气孔、未焊透、裂纹等缺陷。

3）螺纹连接件应无滑丝、严重变形、严重锈蚀等现象。

4）安全围护材料及其他辅助材料应符合相应国家标准的有关规定。

（4）准备必要的工具和机电设备，并检查其是否合格。限载控制系统的传感器等在每一个单体工程使用前，均应进行标定。

（5）附着式升降脚手架安装与拆除需要塔式起重机配合时，

应核验塔式起重机的施工技术参数是否满足需要。

（6）附着式升降脚手架采用电动设备升降时，应核验施工现场的供电容量。

3. 安装

（1）从标准层楼板标高处开始安装爬架，平台采用落地式脚手架。操作平台搭设在标准层楼板标高平齐处，升降脚手架使用工况荷载设计值如下：

$N_使 = \gamma S_使 = 1.3 \times 64.84 \approx 84.29$（kN），架体底部水平均荷载 $q = 84.29 \div 6 \approx 14.04$（kN/m）。如不考虑爬架卸荷，落地式脚手架立杆间距为 1.2m，步距为 1.8m，宽度控制在 1.0～1.2m，顶部小横杆需双扣件加固处理。内排距离建筑物外200mm，表面平整度为 ±20mm/10m，基础平台应由土建施工方编写专项方案，承载能力按 21.89kN/m² 或线荷载为 14.04kN/m设计。

1）落地式脚手架与大横杆、立杆相连的扣件以下全部加装一个防滑扣件。

2）如果下部架体立杆跨度与要求不符，可采用搭接或背接的方式，搭接或背接的立杆必须穿过 2 根横杆扣接。

3）拐角处如果伸出跨度超过 2m，应采用钢丝绳拉接牵引卸载。

4）落地式手架从放宽处以下两层必须有可靠的拉接、卸载措施。

（2）操作平台按要求搭设完成后，底部和上部应进行加固处理，中部安装卸载防变形装置，具体操作如下：

1）脚手架必须在架体最底层安放一道扫地杆，并进行纵向拉接。

2）在操作平台搭设完毕后，要在平台顶部按每 3～6m 一组水平拉杆和斜杆对平台进行卸载加固。

3）落地式操作平台必须从最高层开始分两层安装；两道水平拉接钢管，并在架体顶部和中部各安装一道卸荷钢管，卸荷钢管长度不能大于 4.5m。

4）加固完成后对顶部进行水平校正。水平校正必须先校正内外排大横杆，达到表面平整度要求后，及时使用小横杆扣接到位，顶部小横杆密度及位置按升降架架体平面设计图为基准，要求以升降架内外排立杆中点为基准，偏差 3～5cm。

5）所有操作平台应在水平标高以下 90cm 位置，搭设一个安装操作层，方便施工人员在升降架底部桁架校正时操作使用。

6）在第一操作层对应楼层楼板上预埋地锚（用直径 48mm、长度 30cm 的钢管制作），用于临时固定爬架，斜拉钢管两端均采用扣件拉接。

（3）架体组装完成后，将其临时放置在落地架上。架体随主体依次搭设，主体结构施工一层，架体安装一道附着支座，当架体安装三道附着支座后，即可拆除落地架。

（4）附着式升降脚手架安装搭设前，应核验工程结构施工时设置的预留螺栓孔或预埋件的平面位置、标高和预留螺栓孔的孔径、垂直度等，还应核实预留螺栓孔或预埋件处混凝土的强度等级。预留螺栓孔或预埋件的中心位置偏差应小于 15mm，预留螺栓孔孔径最大值与螺栓直径的差值应小于 5mm，预留螺栓孔应垂直于结构外表面。不能满足要求时，应采取合理可行的补救措施。

（5）附着式升降脚手架安装搭设前，应设置可靠的安装平台来承受安装时的竖向荷载。安装平台上应设有安全防护措施。安装平台的水平精度应满足架体安装精度要求，任意两点间的高差最大值不应大于 20mm。

（6）附着式升降脚手架的安装搭设应按照施工组织设计规定的程序进行。

（7）安装过程中应严格控制水平支撑结构与竖向主框架的安装偏差。水平支撑结构相邻两机位处的高差应小于 20mm；相邻两榀竖向主框架的水平高差应小于 20mm；竖向主框架的垂直偏差应小于 3‰；若有竖向导轨，则导轨垂直偏差应小于 2‰。

（8）安装过程中，架体与工程结构间应采取可靠的临时水平拉撑措施，确保架体稳定。

（9）作业层与安全围护设施的搭设应满足设计与使用要求。

（10）架体搭设的整体垂直偏差应小于 4‰，底部任意两点间的水平高差不大于 50mm。

（11）脚手架邻近高压线时，必须有相应的防护措施。

4. 调试验收

（1）施工单位应自行对下列项目进行调试与检验，调试与检验情况应有详细的书面记录：

1）架体结构中，采用扣件式脚手杆件搭设的部分，应对扣件拧紧质量按 50% 的比例进行抽检，合格率应达到 100%。

2）对所有螺纹连接处进行全数检查。

3）进行架体提升试验，检查升降动力设备是否正常运行。

4）对电动系统进行用电安全性能测试。

5）其他必须做的检验调试项目。

（2）脚手架调试验收合格后，方可办理使用手续。

5. 升降作业

（1）升降前应均匀预紧机位，避免预紧引起机位超载过大。

（2）在完成下列项目检查后，方能发布升降命令，检查情况应有详细的书面记录。

1）附着支撑结构附着处混凝土实际强度已达到设计要求。

2）所有螺纹连接处螺母已拧紧。

3）应撤去的施工活荷载已撤离完毕。

4）所有障碍物已被拆除，所有不必要的约束已被解除。

5）动力系统能正常运行。

6）所有相关人员已到位，无关人员已全部撤离。

7）所有预留螺栓孔洞或预埋件符合要求。

8）所有防坠落装置功能正常。

9）重量数值显示是否正常，数值是否在允许范围内等其他必要的检查项目。

（3）升降过程中必须统一指挥，指令规范，并应配备必要的巡视人员及通信器材。

（4）升降过程中，若出现异常情况，必须立即停止升降，进行检查，彻底查明原因、消除故障后方能继续升降。每一次异常情况均应有详细的书面记录。

（5）采用捯链作为升降动力时，升降过程中应严防发生翻链、绕链现象。

（6）整体式附着式升降脚手架和邻近塔式起重机、施工电梯的单片式附着式升降脚手架进行升降作业时，塔式起重机、施工电梯等设备应暂停使用。

（7）升降到位后，脚手架必须及时固定。在没有完成固定工作且未办妥交付使用手续前，脚手架操作人员不得交班或下班。

（8）架体升降到位，完成下列检查项目后方能办理交付使用的手续，检查情况应有详细的书面记录。

1）附着支撑结构已固定完毕。

2）所有螺纹连接处已拧紧。

3）所有安全围护措施已落实。

4）电源是否已关闭等其他必要的检查项目。

（9）脚手架由提升转入下降时，应制定专门的升降转换措施，确保转换过程的安全。

6. 使用

（1）在使用过程中，脚手架上的施工荷载必须符合设计规定，严禁超载，严禁放置影响局部杆件安全的集中荷载，建筑垃圾应及时清理。

（2）脚手架只能作为操作架，不得作为施工外模板的支模架。

（3）使用过程中，禁止进行下列违章作业：

1）利用脚手架吊运物料。

2）在脚手架上推车。

3）任意拆除脚手架杆件和附着支撑结构。

4）任意拆除或移动架体上的安全防护设施。

5）塔式起重机起吊构件碰撞或扯动脚手架。

6）其他影响架体安全的违章作业。

（4）使用过程中，应定期做安全检查。

（5）脚手架在空中暂时停用时，应进行停用前检查。

（6）脚手架在空中停用时间超过一个月或遇六级以上（包括六级）大风后复工时，应进行使用前检查，检查合格后方能投入使用。

7. 拆除

（1）拆除前，应编制拆除方案，对施工班组进行安全交底。

（2）拆除前，应在地面坠物区设置明显警戒线，禁止任何人员入内。

（3）拆除架体前，应先清理架体上杂物，并对架体进行必要加固处理。

（4）脚手架的拆除工作应有安全可靠的、防止人员与物料坠落的措施。

（5）拆下的材料做到随拆随运、分类堆放，严禁抛扔。

8. 维修保养及报废

（1）每浇捣一次混凝土或完成一层外装饰，应及时清理架体、设备、构（配）件上的混凝土残渣、尘土等建筑垃圾。

（2）升降动力设备、控制设备应每月进行一次维护保养，其中，升降动力设备的链条应每升降一次就进行一次维护保养。

（3）螺纹连接件应每月进行一次维护保养。

（4）每完成一个单体工程，应对脚手杆件及配件、升降动力设备、控制设备、防坠落装置进行一次检查、维修和保养，必要时，应送生产厂家检修。

（5）附着式升降脚手架的各部件及专用装置、设备均应有相应的报废制度，标准不得低于以下规定：

1）焊接件严重变形或严重锈蚀时，应报废。

2）穿墙螺栓与螺母严重变形、严重磨损、严重锈蚀时，应报废；其余螺纹连接件在使用 2 个单体工程后，或严重变形，或严重磨损，或严重锈蚀时，应报废。

3）动力设备一般部件损坏后，允许进行更换维修，但主要部件损坏后应报废。

4）防坠落装置的部件有明显变形时，应报废，其弹簧件使用 1 个单体工程后，应更换。

第八节　安　全　管　理

1. 附着式升降脚手架施工过程中，应建立项目施工班组，并设置监督机构。项目成员应基本固定，做到定员、定岗、定责。

2. 公司质量安全有关部门应定期对项目班组的全体成员进行安全技术交底，组织人员学习安全生产内容，进行安全再教育及考核。

3. 健全安全技术交底制度。每次施工作业前必须对作业人员进行安全技术交底，并在交底书上签名。班组长每天工作前应组织作业人员对安全事项进行详细交底。

4. 附着式升降脚手架在实施过程中，施工班组应积极配合使用单位结合现场实际情况，落实施工方案要求，完善不足之处，制定必要的其他措施，确保施工安全。

5. 附着式升降脚手架发生异常情况后，现场管理人员及操作班组应当采取有效措施，排除故障，防止事故发生，并认真做好记录，向公司有关部门报告。

第七章　附着式升降脚手架
检验和维护保养

附着式升降脚手架架体自重及施工荷载全部由架体底部水平桁架承担，水平桁架以竖向主框架为支座，并通过附着支座将荷载传递给建筑物，脚手架沿竖向主框架上的导轨升降。对于高层建筑施工，它比落地式脚手架、悬挑式脚手架的经济性更明显。但是，由于它是一种新型的脚手架，设计、制造及使用不当均会造成极大的安全隐患，甚至会发生安全事故。

第一节　整体提升脚手架安全管理的总体要求

1. 根据《建筑施工附着式升降脚手架管理暂行规定》（以下简称《暂行规定》），国家对其实行了认证制度，即附着式升降脚手架必须通过国务院建设行政主管部门组织鉴定或者委托具有资格的单位进行认证，方可生产。脚手架使用前，安装单位还应向工程所在地建设行政主管部门或建筑安全监督机构办理备案手续，接受监督管理。

2. 安装、使用附着式升降脚手架的施工企业应具备相应的专业承包资质。根据相关规定，该专业承包资质分为一级、二级2个等级标准，其中二级企业仅可承担高度80m及以下建筑物的附着式升降脚手架的制造、安装和施工。此外，设备的所有构（配）件，必须由具备相应资格的单位生产，并提供出厂合格证，不允许现场加工，其中关键部位加工件必须100%检测。

3. 选用附着式升降脚手架时，应注意选型，尤其强调按规定选择"沿全高度设置定型加强的竖向主框架"的脚手架。"简易挑梁式"脚手架没有刚性主框架，而用承力托盘及钢丝绳（或拉杆）替代，脚手架升降没有导轨，只靠钢丝绳吊拉，所以升降工况晃动大、不安全。另外，此种类型的脚手架的防坠落装置与提升设备未分开设置在两套附着支撑结构上，防倾覆装置也未与主框架刚性连接，因此使用这种架体是非常不安全的。此外，某些设备虽然消除了上述缺陷，但其附着支撑及防坠落、防倾覆装置设在同一垂线上，施工时，最上一处防倾覆装置往往不能及时附着在工程结构上，使架体悬臂高度超出 6.0m 或超出架体高度 2/5，存在重大安全隐患。

4. 附着式升降脚手架在使用前，施工总承包单位应先委托具有相应资质的检测机构对附着式升降脚手架进行检验，检验合格后，再组织分包单位、出租以及安装单位共同验收，监理单位参与验收，验收合格后方可投入使用。在验收合格之日起 30 日内向当地建设行政主管部门或安全监督机构登记。

5. 对于使用附着式升降脚手架的工程，参建单位要将其确定为工程重大危险源，编制应急救援预案，并组织人员演练，确保施工安全。

第二节　附着式升降脚手架的设备安全检查重点

1. 架体

架体安装应符合相关规范的规定。除此之外，还应对以下部位采取可靠的安全措施：与附着支撑结构的连接处，架体的升降机构设置处，架体上防倾覆、防坠落装置设置处，架体吊拉点设置处，架体平面的转角处，架体与塔式起重机、施工电梯、物料平台等设施相遇需要断开或开洞处等。

2. 水平桁架

位于架体的底部，它与竖向主框架共同构成刚性结构。水平桁架承受架体的垂直荷载和自身荷载及风荷载，并将其传给竖向主框架。水平桁架上部的各节点处就是架体的立杆位置，架体荷载通过立杆处节点直接传给水平桁架，所以水平桁架的构造要求是：采用型钢或钢管制作成定型桁架，节点用焊接或螺栓连接（禁止用扣件连接），水平桁架节点的各杆件轴线应汇交于一点。里外两片水平桁架应有横杆、斜杆，以形成空间格构的受力效果。当水平桁架采用定型桁架构件不能连续设置时，两片水平桁架之间可用脚手架钢管、扣件连接，但其长度不得大于 2m。

3. 竖向主框架

位于水平桁架两端支撑点处，沿架体全高竖向设置，可做成片式框架或格构式框架，其平面与外墙面垂直。主框架一侧同水平桁架及架体连接，承接水平桁架传来的荷载；另一侧与附着支撑连接，把水平桁架的荷载和脚手架坠落时的冲击荷载通过附着支撑传给工程结构。由于主框架采用了刚性框架且直接附着在工程结构上，从而使脚手架的整体稳定性得到保证。又因导轨直接设置在主框架上，所以脚手架沿导轨升降也是稳定可靠的。

4. 附着支撑

附着支撑是附着式升降脚手架的主要承载传力装置。附着式升降脚手架在升降过程中，是依靠附着支撑附着于工程结构上来实现其稳定的。附着支撑结构采用普通穿墙螺栓与工程结构连接时，应采用双螺母固定，螺杆露出螺母不少于 3 丝，垫板尺寸应按设计计算要求，且不得小于 100mm×100mm×10mm。采用穿墙螺栓锚固时，宜采用两根螺栓，当附着点采用单根螺栓时，应有防止扭转的措施。在升降工况下，必须确保每一主框架一侧至少有两处以上与工程结构连接的附着支撑。

5. 升降装置

升降装置包括动力设备和同步装置，同步装置依靠动力设备而发挥作用。目前，附着式升降脚手架的动力设备主要有四种：手拉捯链、捯链、液压千斤顶及卷扬机。

同步装置的作用是脚手架在升降过程中，保证各机位保持同步升降，当其中一台机位超过规定的数值时，即切断脚手架升降动力源停止工作，避免发生超载事故。同步装置应以同时保证架体同步升降和荷载监控的双控方法来保证架体升降的同步性，且应具备超载报警停机、欠载报警等功能。升降差监控时，相邻吊点同步差不大于30mm，整体同步差不大于80mm。荷载监控时，当各吊点最大荷载达到设备额定荷载80%时报警，自动切断动力源，避免发生事故。

6. 安全装置

附着式升降脚手架的安全装置包括防倾覆、防坠落装置。

（1）设置防倾覆装置的目的是控制脚手架在升降过程中的倾斜度和晃动的程度，架体在前后、左右两个方向的倾斜均可不超过30mm。防倾覆装置应有足够的刚度，在架体升降过程中始终保持水平约束，确保升降状态的稳定性。防倾覆装置必须与竖向主框架、附着支撑或工程结构应用螺栓连接，防倾覆装置的导向间隙应小于5mm。在升降和使用工况下，位于同一竖向平面的防倾覆装置不得少于两处，并且最上和最下一个防倾覆支撑点间距不得小于架体全高的1/3。

（2）设置防坠落装置的目的是为防止脚手架在升降工况下发生附着支撑、吊杆（绳）等因意外故障造成的脚手架坠落事故。当脚手架意外坠落时，它能及时牢靠地将架体卡住。按照相关规范要求，防坠落装置应设置在竖向主框架部位，且每一竖向主框架提升设备处必须设置一个。防坠落装置必须灵敏、可靠，其制动距离：对于整体式升降脚手架不大于80mm，对于单片式升降脚手架不大于150mm。防坠落装置与提升设备必须分别设置在两套附着支撑结构上，若有一套失效，另一套必须能独立承担全部坠落荷载。对防坠落装置可靠性必须提供专业技术部门的检测报告，以验证其可靠及抗疲劳性能。

第三节 整体提升脚手架作业时安全管理要点

1. 根据相关规定，安装、拆卸附着式升降脚手架，必须编制专项施工方案，制定安全施工措施。方案必须经公司技术负责人及总监理工程师审批，并由专业人员现场监督。安装、拆卸及升降作业应设专人负责指挥、操作，禁止其他人员替代。

2. 附着式升降脚手架安装、升降以及拆卸前，施工单位负责项目管理的技术人员应根据有关安全施工的技术要求，对施工作业班组、作业人员做出详细说明，并由双方签字确认。

3. 脚手架在组装前，应设置组装平台，组装平台应有保障施工人员安全的防护设施。组装平台的水平精度和承载力应满足架体安装的要求。

4. 附着式升降脚手架组装完毕，必须进行仔细的安全检查，合格后，方可进行升降操作。

5. 升降操作应遵守以下规定：严格执行升降作业的程序规定和技术要求。脚手架升降到位后，必须及时按使用状况进行附着固定。在没有完成架体固定工作前，施工人员不得擅自离岗或下班。未办理交付使用手续的，不得投入使用。

6. 附着式升降脚手架的使用必须遵守其设计性能指标，不得随意扩大使用范围；架体的施工荷载必须符合设计规定，严禁超载。

7. 脚手架的螺栓连接件、升降设备、防倾覆装置、防坠落装置、电气设备等，应至少每月维护保养一次。

第四节 附着式升降脚手架维护保养管理制度

为加强设备的维护与保养，贯彻"预防为主"和"维护和计划检修相结合"的原则，做到正确使用、精心维护，使设备经常处于良好的状态，保证设备的长周期、安全稳定使用。

1. 操作人员应通过岗位培训，拿到相应的特种作业操作人员岗位证书后，才可以作业。

2. 操作人员和维修人员应用严肃的态度和科学的方法维护设备。坚持维护与检修并重，以维护为主的原则。严格执行岗位责任制，实行设备包机制，确保在使用设备时设备的完好。

3. 操作人员，必须做好下列各项主要工作：

（1）正确使用升降动力设备，严格遵守操作规程。脚手架在提升或下降前应认真准备，反复检查。提升中应巡回检查，发现问题时，应切断电源处理问题，问题处理完后再提升，反复检查直至升降完毕。

（2）精心维护，严格执行检查制度。对升降动力设备进行仔细检查，发现问题要及时解决，排除隐患。做好设备清洁、润滑、紧固、调整和防腐的工作。保持零件、附件及工具完整无缺。

（3）掌握设备故障的预防、判断和紧急处理措施，保持安全防护装置完整好用。

（4）配合检修人员搞好设备的检修工作，使其经常保持完好状态，保证设备随时可以启动运行，做好设备防冻、防凝等工作。

4. 定期对设备进行保养

（1）定期清除脚手架上的垃圾（每月大清理）。

（2）每月对升降动力设备进行一次维修保养。清理捯链及附着支撑结构上的垃圾，给捯链链条加油润滑，对斜拉钢筋清理、加油润滑，盖好防尘布。

（3）清理防坠落器上的垃圾，盖好防尘布。

（4）随时检查捯链、防坠落器、防倾覆导轮是否完好，如有零件损坏，应立即更换。

（5）随时检查各穿墙螺栓和各节点螺栓是否完好，如有弯曲变形，应立即更换。

（6）随时检查安全网是否有破损和被拆开，如有损坏，应立即修补好。

（7）随时检查电控系统是否完好，如有故障应及时修理或更换，禁止"带病"运行。

（8）架体搭设完，升五次后，全面检查各受力点焊缝是否有裂纹，扣件是否拧紧，各杆件是否变形。

（9）由提升转为下降阶段前，应对动力、电控系统做一次全面检查保养。

（10）附着式升降脚手架维护保养细化记录表见表7-1。

附着式升降脚手架维护保养细化记录表　　表7-1

设备名称			设备型号		
出厂编号			楼号		
出厂日期			产权单位		
维护保养单位			上次维护日期		
项目		维护保养内容	技术要求	备注
清洁、润滑		固定螺栓、螺母应无严重锈蚀,防坠落装置应灵敏、可靠,卸荷回顶装置转动灵活,导轨接头螺栓连接牢固可靠	按设备使用说明书及相关标准规程进行	
检查调整更换		提升机构零部件连接牢固可靠,不得有损坏、缺失,保护装置齐全,链条润滑良好,固定弹簧无松动		
		框架系统、连接螺栓齐全、牢固可靠、无缺失,焊接部位无脱焊		

项目		维护保养内容	技术要求	备注
检查调整更换	防护系统,竖向防护网应无破损,且固定可靠,竖向防护板封闭严密		按设备使用说明书及相关标准规程进行	
	走道板应固定牢固,无损坏,螺栓、螺母无缺失,内侧防护良好			
	内翻板无损坏、固定牢固,合页无缺失,架体端头应封闭严密,固定牢靠			
	反拉钢丝绳绳卡与绳径匹配,数量不得少于3个。钢丝绳无锈蚀、断股、打死结等现象,达到报废标准必须更换			
	电气与控制操作系统,电缆、电线及电气元件应完好,无损坏。电气控制系统灵敏可靠,工作平稳、可靠,防雷接地良好			
维护保养结论				

维护保养人员(签名):

维护保养单位(公章)
年　　月　　日

注:除按本表维护保养外,还应根据相关规定组织维护保养作业。

第八章 常见同步控制系统组成、故障原因、处置方法

第一节 同步系统的主要构成

1. 主要组成部分

附着式升降脚手架同步控制系统与捯链和上、下吊点等组成完整的动力升降体系。

同步控制系统由主机、分机、测力传感器、电源线、传感器信号线、各分机之间的电源线、各分机之间的信号连接线、计算机（触摸屏）、遥控器、控制软件等组成。同步控制系统组成简化示意图见图 8-1。

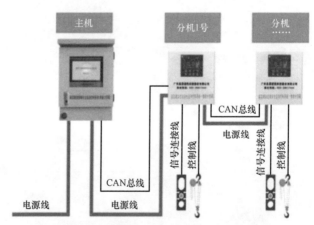

图 8-1　同步控制系统组成简化示意图

2. 主要功能

附着式升降脚手架同步控制系统主要功能有：整体升降控制、单机位升降控制、超载或欠载 15% 时发出声光报警、超载

或欠载30％时自动停机、数据储存、机位编号、机位分组、紧急停机、一键紧钩、一键脱钩、在线实时监控、可视化监控、用户登录与后台管理等。

第二节　安装布线与接线

附着式升降脚手架同步控制系统通过动力电源线、通信线分别将捯链、主机、分机、测力传感器、计算机（触摸屏）等连接起来，实现对架体同步控制功能。

1. 安装总体要求

（1）安全规范，横平竖直，整齐美观。

（2）安装在架体底层或第二步脚手板位置，主机、分机及线缆的安装高度为 1.5m。

（3）施工单位提供的总电源靠近主机，分机靠近捯链，编号对应清晰。

（4）如图 8-2 所示，所有线缆用波纹管、PVC 管或线槽穿套，并用扎带固定在架体上。

图 8-2　线缆穿管、线槽保护

（5）主机与分机、传感器、捯链等应有防雨、防砸等防护设施。

2. 主电缆布线

施工单位将三相五线制的动力电源接驳到楼层中靠近附着式升降脚手架智能主机位置的专用总电源箱中，升降架分包单位从该专用总电源箱中取电，在架体基本搭设完成后，开始安装架体上的同步控制系统。

根据每栋楼分组后的每组机位数量确定主电缆线的规格。绕架体一周布好主电缆线，每个机位点预留 30～50cm 电缆线，用于分机取电。

主电缆布线起点位置优先从架体分组的断口处往两边开始布置，分组断口处的主电缆长度应留有升高一层的富余量（包括转换层层高）。

3. 主机的安装

主机的背部有安装扣，可以直接使用螺栓或铁丝、扎带固定在立柱或固定在防护网板上。

（1）总电源进

把工地楼层内的二级配电线引出的五芯电缆（三根火线＋零线＋地线），按照主机内接线排的指示接入主机。

（2）总电源出

电源出线为绕架体一圈的主电缆，按照相同相序接入主机内的断路器上。主机一般有两组断路器，根据实际情况将机位分成两组，以减轻主电缆供电压力，达到负载均衡。

（3）控制线插接

控制线插孔用于接插控制线，其两端带四芯防水航空插头，插头上的箭头必须与插座的位置标记在一个方向。控制线长度一般为 6～8m，在架体分组断口处的控制线长度应留有升高一层的富余量。每台分机标配一根控制线，控制线采用一进一出方式连接，出线接入相邻分机的控制插孔中。

（4）通信线插接

通信线插孔用于接插通信线，其两端带四芯防水航空插头。通信线长度一般为 6～8m，在架体分组断口处的通信线长度应留有升高一层的富余量。每台分机标配一根通信线，按插孔的凹槽接插，通信线采用一进一出方式连接，出线接入相邻分机的通信插孔中。

4. 分机的安装

分机箱的背部有安装扣，使用螺栓或铁丝、扎带固定在防护网板上。分机通常采用并联的方式连接。

（1）电源进线插接

每台分机配一根长度 2m、两端带防水航空插头的四芯电源线。插头上的箭头必须与插座的位置标记在一个方向。

（2）电机电源插接与直接

每台分机配一根长度 3m、单端带防水航空插头的四芯电机电源线。电机电源线按插孔的凹槽插接，另一端分颜色直接对应接在捯链电机的接线端子上。

（3）通信线进（出）插接

采用插接方式连接通信线。

（4）测力传感器的安装与插接

测力传感器安装在架体的上吊点或下吊点上，传感器的圆孔与架体吊点用销轴连接；另一端与捯链的吊钩连接，直接挂入传感器的长条孔中。

第三节　调试与控制操作

按照同步控制系统使用说明书的要求进行调试与控制。

1. 调试步骤

（1）主机手动调试。

（2）主机自动功能调试。

（3）分机手动调试。

（4）分机自动控制调试。

（5）分机与捯链联动调试。

2. 控制操作

同步控制系统一般有三种控制操作方式：

（1）计算机（触摸屏）控制，应优先采用计算机智能控制方式。

（2）手动＋遥控控制功能，当不能采用计算机控制时，可以采取手动＋遥控的控制方式。

（3）遥控＋线缆对插控制功能，当上述两种方式不能使用时，可以采用此种方式应急。

应急控制方式保证了无论在何种情况下均可升降作业，不耽误施工进度。计算机控制与手动控制自动切换，当通信成功后，接管分机，手动功能将不起作用；当断开通信，分机自动恢复手动功能。

第四节　故障原因及处置方法

1. 下面通过问答形式对常见问题进行汇总

（1）问：通电后总箱无法复位怎么办？

答：总箱无法复位主要有 2 个原因：

原因 1：个别机位传感器失灵。吊上捯链后吨位数应该在 0.08t 以上。不同厂家低吨位读数有误差，有的读数为 0.05t，可改变相关功能值让其减小。如设为 0.05t，只要传感器的值大于等于 0.05t，传感器检测通过，小于 0.05t 则无法复位，总箱会显示无法复位机箱的"机位号"，分机箱本身报警代码 04。

原因 2：机箱本身无电（保险管断了），总箱无法显示机位号，观看分控箱无数字显示。

（2）问：动力电源的电压低，同时启动三四个捯链很困难怎么办？

答：可分批启动：如 1～17 号机的 01 功能设为 000，按下遥控器上升键（整体上升模式），立即上升；18～34 号机的 01 功能设为 001，按下遥控器上升键（整体上升模式），延时 1s 后启动；按暂停键（1 手动模式），1～17 号机停止，18～34 号机延时 1s 后停止。

分批启动可减少冲击电流，便于捯链迅速启动。如果电压特别低无法维持捯链正常运转，只能分成两段提升。

（3）问：提升就断电（总箱），怎么办？

答：一般是因漏电引起。分控箱、捯链本身很少漏电，多是连接捯链的电线毛刺与外壳相连引起漏电，也有捯链、捯链线进水后引起漏电。可采用下述方法迅速定位这个机箱位置：如1～34号漏电，可将18号机箱电源断开，先测试1～17号是否漏电，如正常，说明问题在18～34号机箱，然后把18号箱连上，再断开25号尝试，以此类推。

（4）问：按下预紧模式进行预紧，为什么有报警声呢？

答：有报警声的机位，传感器应该是坏的，只因初始02、06功能值都设为0，本机位预紧功能"禁止"，为了提醒用户设置了报警声，可用转换为手动模式完成预紧（一定要有人看护）。

（5）问：总箱报警机位号为15，为什么16号机位报警呢？

答：设机位号的目的是快速查找定位停机机位，因测算误差可能会产生1个机位误差，如总箱报警机位号为10，有可能是9、11号有问题，问题机位有报警声，报警黄灯亮，一看便知。

2. 常见故障分析处理

同步控制系统常见故障、分析与处理见表8-1。

同步控制系统常见故障、分析与处理　　　　表8-1

序号	故障现象	故障分析	故障处理
1	主机无法启动	相序保护继电器未工作	调换任意两根相线
		断路器是否跳闸	合闸
2	无220V电源	熔断器熔断	更换熔丝
		单漏电开关跳闸	重新合闸
3	主机能手动,不能自动	零号分机供电不正常	检查供电
		通信线没连接好	连接好通信线
4	主机能自动,不能手动	手持器没插好	插好,打开开关
		启动按钮没连接好	连接好启动按钮
5	找不到分机	分机没有电源供电	给分机供电
		通信线没连接好	连接好通信线
6	能找到分机,不能启动电动机	分机处于手动状态	调到自动状态
		捯链线没接好	连接好捯链线

序号	故障现象	故障分析	故障处理
7	计算机不能启动捯链	分机处于手动状态	调到自动状态
		捯链线没接好	连接好电源线
8	传感器检测不到	传感器连接线没接好	连接好传感器线
		传感器线折断	重新连接传感器线
9	程序操作失效	程序"跑飞"	重新给零号分机供电
		计算机死机	重新启动计算机及程序
10	能手动不能自动	计算机程序、COM 是否正常	重装程序和选择 COM 接口
		通信线未连接好	连接好通信线
		分机不正常	更换好的分机

附　录

附着式升降脚手架架子工技能测试题

一、单项选择题

1.（　　）是指为建筑施工工地现场提供电力，以满足建筑工程建设用的需求。

A. 施工现场临时用电　　　　B. 施工现场用电

C. 建筑用电　　　　　　　　D. 工业用电

2.（　　）是指施工现场从电源进线开始至用电设备之间，经过三级配电装置配送电力到用电设备。

A. 总配电箱　　　　　　　　B. 分配电箱

C. 开关箱　　　　　　　　　D. 三级配电系统

3. 标志牌应当用（　　）制成。

A. 绝缘材料　　　　　　　　B. 铜材

C. 铝材　　　　　　　　　　D. 钢材

4. 低压带电作业时，（　　）。

A. 既要戴绝缘手套，又要有人监护

B. 戴绝缘手套，不要有人监护

C. 有人监护，不必戴绝缘手套

D. 不用戴绝缘手套，也不用人监护

5. 在施工现场专用的，电源中性点直接接地的 220/380V 三相四线制用电工程中，必须采用的接地保护形式是（　　）。

A. TN　　　　　　　　　　　B. TN-S

C. TN-C　　　　　　　　　　D. TT

6.（　　）是一个物体对另一个物体的作用。

A. 力矩　　　　　　　　　　B. 力

C. 重量　　　　　　　　　　　D. 密度

7. 能够可靠地隔绝电流的物体叫作（　　）。

A. 导体　　　　　　　　　　　B. 绝缘体

C. 导体电阻　　　　　　　　　D. 电功

8. 保护接地、接零线（PE 线）的颜色一般是（　　）。

A. 黑色　　　　　　　　　　　B. 淡蓝色

C. 黄绿双色　　　　　　　　　D. 黄色

9. 对电机内部的脏物及灰尘清理，应用（　　）。

A. 湿布抹擦

B. 布上沾汽油、煤油等抹擦

C. 用压缩空气吹或用干布抹擦

D. 用湿巾抹擦

10. 焊接最常用的方式是（　　）。

A. 电焊　　　　　　　　　　　B. 气焊

C. 电渣焊　　　　　　　　　　D. 手工焊

11. 钢丝绳在破断前一般有（　　）等征兆。

A. 表面光亮　　　　　　　　　B. 生锈

C. 断丝、断股　　　　　　　　D. 表面有泥

12. 使用链条捯链时正确的说法是（　　）。

A. 也可以使用旧的链条捯链

B. 严禁使用旧的链条捯链

C. 拉链的方向与链轮的方向可以不一致

D. 操作时，捯链下方可以站人

13. 电动附着式升降脚手架的升降动力装置一般采用（　　）。

A. 低速环链捯链　　　　　　　B. 高速环链捯链

C. 穿心式千斤顶　　　　　　　D. 液压电动机

14. （　　）是指搭设一定高度并附着于工程结构上，依靠自身的升降设备和装置，可随工程结构逐层爬升或下降，具有防倾覆、防坠落装置的外脚手架。

A. 钢管扣件脚手架　　　　　　B. 半钢脚手架

C. 全钢脚手架   D. 附着式升降脚手架

15.（ ）是附着式升降脚手架架体结构的主要组成部分，垂直于建筑物立面并与附着支撑结构连接，将架体所承受的水平和竖向荷载传递给建筑结构。

A. 竖向主框架   B. 水平桁架

C. 架体构架   D. 附着支撑

16. 钢管扣件脚手架搭设高度大于 24m 时，要求剪刀撑（ ）搭设。

A. 可不   B. 断续

C. 连续   D. 分散

17. 附着式升降脚手架的架体尺寸应符合以下规定（ ）。

A. 架体高度不应大于 15m，宽度不应大于 1.2m，架体构架的全高与支撑跨度的乘积不应大于 110m²

B. 架体高度不应大于 15m，宽度不应大于 1.5m，架体构架的全高与支撑跨度的乘积不应大于 130m²

C. 架体高度不应大于 5 倍楼层高，宽度不应大于 1.2m，架体构架的全高与支撑跨度的乘积不应大于 110m²

D. 架体高度不应大于 5 倍楼层高，宽度不应大于 1.5m，架体构架的全高与支撑跨度的乘积不应大于 130m²

18. 附着式升降脚手架架体宽度不应大于（ ）。

A. 0.9m   B. 1m

C. 1.2m   D. 1.5m

19. 以下关于符合附着支撑结构构造正确的是（ ）。

A. 竖向主框架所覆盖的楼层不需要每个楼层处设置一道附墙支座

B. 在使用工况时，竖向主框架不应固定在附墙支座上

C. 在升降工况时，附墙支座上应设有防倾覆、防坠落、导向的结构装置

D. 附墙支座应采用锚固螺栓与建筑物连接，受拉螺栓的螺母有一个即可

20. 水平桁架在最底层应设置（　　　），并应铺满、铺牢。

A. 安全立网　　　　　　　　　B. 网片

C. 脚踏板　　　　　　　　　　D. 连墙件

21. 底层架体与建筑物墙面之间应设置可翻转的（　　　）进行全封闭。

A. 翻板　　　　　　　　　　　B. 密封板

C. 脚踏板　　　　　　　　　　D. 网板

22. 悬挑段以主框架为中心成对设置对称（　　　），其水平夹角不应小于（　　　）。

A. 斜拉杆，45°　　　　　　　　B. 斜拉杆，60°

C. 防护网片，45°　　　　　　　D. 防护网片，60°

23. 下列关于附着式升降脚手架构配件的制作要求，说法错误的是（　　　）。

A. 应有完整的设计图纸、工艺文件、产品标准和产品质量检验规程

B. 制作构配件的原材料和辅料的材质及性能应符合设计要求，并按规定对其进行验证和检验

C. 加工构配件的设备及工具应满足构配件制作精度的要求，并定期进行检查

D. 构配件按规定加工即可，出厂不需要进行检验

24. 关于附墙支座锚固螺栓的说法正确的是（　　　）。

A. 螺杆露出螺母应不少于 2 扣、10mm

B. 垫片尺寸不得小于 100mm×100mm×12mm

C. 螺杆露出螺母应不少于 3 扣、10mm

D. 垫片尺寸不得小于 200mm×200mm×10mm

25. 爬架结构构造尺寸描述正确的是（　　　）。

A. 架体结构高度不应大于 5.5 倍楼层高

B. 架体宽度不应大于 1.5m

C. 直线布置的架体支撑跨度不应大于 6m

D. 架体水平悬挑长度不应大于 2m

26. 附着式升降脚手架必须设置（　　）。

A. 防倾覆装置

B. 防坠落装置

C. 整体（或多跨）同时升降作业的同步控制装置

D. 以上三项均正确

27. 剪刀撑斜杆与地面的夹角应为（　　）。

A. 45°～60°　　　　　　　B. 30°～45°

C. 25°～30°　　　　　　　D. 10°～40°

28. 建筑工程外脚手架外侧采用的全封闭立网，其网目密度不应低于（　　）。

A. 800目/100cm^2　　　　B. 1000目/100cm^2

C. 1500目/100cm^2　　　　D. 2000目/100cm^2

29. 附着式升降脚手架的架体上部悬挑臂部分，应控制在架体高度的（　　）之内。

A. 2/5　　　　　　　　　　B. 3/5

C. 4/5　　　　　　　　　　D. 7/10

30. 当脚手架基础下有设备基础、管沟时，（　　）。

A. 如果不采取加固措施，不应开挖

B. 可以开挖，否则施工进度跟不上

C. 可以开挖，不必采取加固措施

D. 开挖后，基础可以暂时悬空

31. 导轨式附着式升降脚手架的附着形式是将（　　）附着在建筑物上，有连续多支撑点附着。

A. 导轨　　　　　　　　　　B. 连墙件

C. 架体　　　　　　　　　　D. 钢管

32. 导轨式附着式升降脚手架的架体、（　　）均附着在导轨上。

A. 连墙件　　　　　　　　　B. 斜拉杆

C. 防倾覆装置　　　　　　　D. 脚踏板

33. 导轨式附着式升降脚手架每个机位处的竖向主框架有

（　　）。

A. 四榀　　　　　　　　　　B. 三榀

C. 两榀　　　　　　　　　　D. 一榀

34. 导轨式附着式升降脚手架的架体使得捯链安装在导轨的侧面，在升降时与架体（　　）。

A. 会相互阻碍　　　　　　　B. 不会相互阻碍

C. 与架体发生摩擦　　　　　D. 需要断开

35. 导轨式附着式升降脚手架的架体重心一般是在横截面的中心向外偏的位置，属于（　　）。

A. 中心升降　　　　　　　　B. 偏心升降

C. 电动升降　　　　　　　　D. 液压升降

36. 导轨式附着式升降脚手架提升一般使用（　　），与捯链配合使用。

A. 斜拉杆　　　　　　　　　B. 防坠落杆

C. 滑轮组件　　　　　　　　D. 液压系统

37. 架体沿附着于墙体结构的导轨升降的附着式升降脚手架是（　　）附着式升降脚手架。

A. 导轨式　　　　　　　　　B. 导座式

C. 吊轨式　　　　　　　　　D. 挑轨式

38. 两跨及以上的架体，同时整体升降时，应采用（　　）或液压设备，且应采用同一厂家、同一型号的产品。

A. 手动　　　　　　　　　　B. 电动

C. 机械制动　　　　　　　　D. 链传动

39. 在附着式升降脚手架升降过程中，当某一机位的荷载超过设计（　　）时，应能使该升降设备自动停机。

A. 20%　　　　　　　　　　B. 30%

C. 40%　　　　　　　　　　D. 25%

40. 关于捯链，以下做法不当的是（　　）。

A. 试运行检查传动是否平稳，链轮与起重链条是否正确咬合

B. 起吊时，人员可以在重物下做任何工作或行走

C. 严禁超载使用

D. 运行时，注意随时观察，出现异常立即停机。查明原因，排除故障后方可使用

41. 捯链在平时未使用的情况下，应（　　）。

A. 随意敲打、碰撞　　　　　　B. 存放在湿润地点

C. 注意维护和保养　　　　　　D. 随意存放

42. 附着式升降脚手架可采用（　　）升降形式。

A. 自动、手动、电动　　　　　B. 液压、手动、电动

C. 液压、自动、电动　　　　　D. 液压、手动

43. 限制荷载自控系统应具有（　　）功能。

A. 超载、失载、报警、停机

B. 超载、失载、警告、停机

C. 超载、失载、警告、卡机

D. 超载、失载、报警、卡机

44. 附着式升降脚手架的各提升机升降作业人员应基本固定，电控作业人员应该由（　　）担任。

A. 专业电工　　　　　　　　　B. 安全员

C. 施工员　　　　　　　　　　D. 技术员

45. 附着式升降脚手架按动力形式分为（　　）和液压式。

A. 单跨式　　　　　　　　　　B. 整体式

C. 附着式　　　　　　　　　　D. 电动式

46. 电动式附着式升降脚手架是采用（　　）作为提升动力装置的附着式脚手架。

A. 捯链　　　　　　　　　　　B. 手动环链捯链

C. 液压动力设备　　　　　　　D. 以上三种都错

47. 在导轨附着式升降脚手架中，捯链安装在导轨的（　　）。

A. 正面　　　　　　　　　　　B. 下方

C. 后侧　　　　　　　　　　　D. 侧面

48. （　　）是指能够反应、控制升降动力荷载的装置系统。

A. 防倾覆装置　　　　　　　　B. 防坠落装置

C. 同步升降控制装置　　　　D. 荷载控制系统

49. 荷载增量监控系统的拉力传感器安装在低速环链捯链吊钩的（　　）。

A. 上方　　　　　　　　　　B. 中间

C. 下方　　　　　　　　　　D. 侧面

50. 水平高差同步控制系统应具有的功能是（　　）。

A. 宜增设显示记忆和储存功能

B. 当水平桁架两端高差达到 35mm 时，应能自动停机

C. 不得采用附加重量的措施控制同步

D. 应具有显示各提升点的实际升高和超高的数据

二、多项选择题

1. 两级漏电保护包含两个内容，一是设置（　　），二是（　　），二者形成了施工现场防触电的两道防线。

A. 两级漏电保护系统

B. TN-S 系统

C. 专用保护零线 PE 的设施

D. 压缩配电间距

2. 《施工现场临时用电安全技术规范》JGJ 46—2005 确定的临时用电三项基本原则是（　　）。

A. 两级漏电保护系统

B. TN-S 系统

C. 专用保护零线 PE 的设施

D. 三级配电系统

3. 配电箱与开关箱应有（　　）。

A. 门　　　　　　　　　　　B. 锁

C. 防雨措施　　　　　　　　D. 防风措施

4. 以下表述正确的是（　　）。

A. 三相四线制电压电力系统必须采用 TN-S 接零保护系统

B. 同一配电系统允许采用两种保护系统

C. 配电箱应执行"三级配电、二级漏电保护"的规定

D. 配电箱应执行"一机、一闸、一漏、一箱"的规定

5. 建筑工程基本供电系统分为（　　）。

A. TT 系统　　　　　　　　　B. TS 系统

C. TN 系统　　　　　　　　　D. IT 系统

6. 为了保证建筑施工供电所设的三级配电系统能够（　　），应当遵循必要的规则。

A. 安全　　　　　　　　　　B. 可靠

C. 有效　　　　　　　　　　D. 随意

7. 为了保证建筑施工供电所设的三级配电系统能够安全、可靠、有效，应当遵循必要的规则是（　　）。

A. 分级分路规则　　　　　　B. 动力照明分设规则

C. 压缩空间距离规则　　　　D. 环境安全规则

8. 三级配电系统对于环境安全规则要求是（　　）。

A. 环境应保持干燥、通风、常温

B. 周围无易燃、易爆物及腐蚀介质

C. 能避开外物撞击、强烈振动、液体浸溅和热源烘烤

D. 周围无灌木、无杂草丛生，无易引来鼠、蛇、雷电等引发的电器事故

E. 周围不堆放器材、杂物，宜通行，并保证设备大门正常开启，人员有操作空间

9. 电气设备保护系统中的 TN 系统有三种基本形式，分别是（　　）。

A. TN-C 系统　　　　　　　B. TN-S 系统

C. TN-C-S 系统　　　　　　D. TN-T 系统

10. TN-S 系统中 PE 线重复接地的目的是（　　）。

A. 降低 PE 的接地电阻

B. 防止 PE 线断裂而接地保护失效

C. 可以临时当零线使用

D. 可以负载使用

11. 漏电保护系统的设置要点有（　　）。

A. 采用二级漏电保护系统

B. 实行分段漏电保护原则

C. 实行分级漏电保护原则

D. 设置缺相保护原则

12. 力对物体的作用效果取决于力的（　　　）。

A. 大小   B. 方向

C. 作用点   D. 长度

13. 杆件的基本变形包括（　　　）。

A. 拉伸、压缩   B. 剪切

C. 扭转   D. 弯曲

14. 以下能作为绝缘体的是（　　　）。

A. 橡胶   B. 塑料

C. 陶瓷   D. 干燥的木头

15. 电路有（　　　）的状态。

A. 开路   B. 短路

C. 通路   D. 跨接

16. 以下属于钢结构的特点是（　　　）。

A. 材料的强度高、塑性和韧性好，但压力会使强度不能充分发挥

B. 材质均匀，与力学计算的假定比较符合

C. 钢结构制作简便，施工周期短

D. 钢结构质量轻，耐腐蚀性差，耐热、不耐火

17. 常用的型钢有（　　　）。

A. 槽钢   B. 角钢

C. 工字钢   D. 空心钢管

18. 钢结构的连接有（　　　）。

A. 焊接   B. 铆接

C. 普通螺栓连接   D. 高强度螺栓连接

19. 根据采用的连接件与紧固件不同，连接分为（　　　）。

A. 螺纹连接   B. 键连接

124

C. 销连接　　　　　　　　　D. 铆钉连接

20. 焊接最常用的方式是（　　　）。

A. 电焊　　　　　　　　　B. 气焊

C. 电渣焊　　　　　　　　D. 手工焊

21. 焊接材料包括（　　　）。

A. 焊条　　　　　　　　　B. 焊丝

C. 焊剂　　　　　　　　　D. 钎料

E. 保护气体

22. 当卸扣出现（　　　）时，应当报废。

A. 裂纹

B. 磨损达原尺寸的 10%，本体变形达原尺寸的 10%

C. 卸扣不能闭锁

D. 螺栓坏扣或滑扣

23. 按架体结构区分，以下哪些属于附着升降式脚手架（　　　）。

A. 传统附着式升降脚手架

B. 半钢附着式升降脚手架

C. 全钢附着式升降脚手架

D. 电动附着式升降脚手架

24. 下列属于爬架防护优点的是（　　　）。

A. 无漏洞、防护性好　　　B. 节省材料

C. 组装方便　　　　　　　D. 防火性能强

25. 附着式升降脚手架按升降方式分类，主要有（　　　）形式。

A. 单跨式　　　　　　　　B. 多跨式

C. 导轨式　　　　　　　　D. 整体附着式

26. 竖向主框架结构构造应符合（　　　）的规定。

A. 竖向主框架可采用整体结构或分段对接式结构

B. 主框架内侧应设有导轨

C. 各杆件的轴线应交汇于节点处，并用螺栓或焊接连接

D. 当架体采用中心吊时，在悬臂梁行程范围内竖向主框架

内侧水平杆去掉部分的断面，必须采取可靠的加固措施

27. 附着支撑结构应包括（　　）。

A. 冲孔网板　　　　　　　B. 附墙支座

C. 悬臂梁　　　　　　　　D. 斜拉杆

28. 下列对于附着式升降脚手架的安全防护措施应满足（　　）。

A. 架体外侧采用安全立网全封闭，且应可靠地固定在架体上

B. 作业层与建筑物之间应用挑板与翻板封闭

C. 作业层应铺设固定牢靠的脚手板

D. 密目式安全立网的网目密度应低于 2000 目/100cm^2

29. 对于附着式脚手架构配件的制作说法正确的是（　　）。

A. 制作构配件的原材料和辅料的材质及性能应符合规范要求

B. 构配件按工艺要求及检验规程进行检验

C. 对附着支撑结构、防倾覆和防坠落装置等关键部件的加工应进行 80% 的检验

D. 应具有完整的设计图纸、工艺文件、产品标准和产品质量检验规程

30. 附着式升降脚手架一般由（　　）组成。

A. 架体　　　　　　　　　B. 水平桁架

C. 竖向主框架　　　　　　D. 附着支撑

31. 附着式升降脚手架架体主要由（　　）组成。

A. 竖向主框架　　　　　　B. 水平支撑结构

C. 升降机构　　　　　　　D. 架体防护结构

32. 常用的附着式升降脚手架的形式有（　　）。

A. 吊拉式附着式升降脚手架

B. 导轨式附着式升降脚手架

C. 导座式附着式升降脚手架

D. 液压式附着式升降脚手架

33. 附着式升降脚手架附着支撑有（   ）作用。

A. 承受架体荷载

B. 传递架体荷载

C. 保证架体稳定地附着在工程结构上

D. 满足提升、防倾覆、防坠落装置的要求

E. 满足防雷装置的要求

34. 附着式升降脚手架升降机构的动力装置有（   ）。

A. 手动捯链   B. 捯链

C. 卷扬机   D. 液压动力装置

35. 使用捯链应当注意（   ）。

A. 必须严格按照说明书有关规定，以确保使用正确、运行安全

B. 外接电源必须符合说明书要求

C. 每次使用时，必须确认机件完好无损，传动部分及起重链条润滑良好，制动灵敏可靠

D. 开机前，必须理顺起重链条，严禁在起重链条扭转、打结的情况下使用

36. 低速环链捯链必须满足（   ）的基本要求。

A. 既能单独控制，又能群控，为保证升降时方向一致要有相序控制

B. 由于捯链长期在室外工作，因此要有防漏电、过载、欠载、缺相和短路保护装置

C. 操作控制台应有电压、电流变化的仪表

D. 要有与升降时的同步控制联动，能与防坠落装置联动

37. 防坠器可分为（   ）等。

A. 摆针式防坠落器   B. 棘轮式防坠落器

C. 斜面滚轮式防坠落器   D. 凸轮式防坠落器

38. 防倾覆装置的设置要求有（   ）。

A. 应包括导轨和两个以上与导轨连接的可滑动的导向件

B. 在升降和使用两种工况下，最上和最下两个导向件之间

的最小间距不得小于 2.8m 或架体高度的 1/4

C. 应具有防止竖向主框架倾斜的功能

D. 应采用螺栓与附墙支座连接，其装置与导轨之间的间隙应小于 5mm

39. 防倾覆装置应符合（   ）。

A. 在防倾覆导向件的范围内应设置防倾覆导轨，且应与横向主框架可靠连接

B. 应具有防止竖向主框架倾斜的功能

C. 应采用螺栓与附墙支座连接，其装置与导轨之间的间距应小于 5mm

D. 在升降和使用两种工况下，最上和最下两个导向件之间的最小间距不得大于 2mm

40. 符合要求的附着式升降脚手架必须有（   ）。

A. 防倾覆装置

B. 防坠落装置

C. 防锈蚀装置

D. 具有同步升降控制的安全装置

41. 下列属于竖向主框架结构构造规定的是（   ）。

A. 当架体升降采用偏心吊时，在悬臂梁行程范围外，在竖向主框架内侧水平杆去掉部分的断面，应采取可靠的加固措施

B. 主框架外侧应设有导轨

C. 竖向主框架宜采用单片式主框架，或可采用空间桁架式主框架

D. 当架体升降采用中心吊时，在悬臂梁行程范围内，在竖向主框架内侧水平杆去掉部分的断面，应采取可靠的加固措施

42. 附墙支座进行安装时，应先检查（   ）。

A. 预埋孔是否通畅

B. 预埋管的位置偏差是否符合要求

C. 检查结构表面是否有跑模、胀模等影响附墙支座安装质量的情况

D. 预埋孔大小是否合适

43. 附着式升降脚手架智能控制系统包括（　　）等。

A. 主控箱　　　　　　　　　B. 分控箱

C. 测力传感器　　　　　　　D. 遥控器

44. （　　）可以直接使用铁丝固定在立杆上，也可使用螺栓固定在安全冲孔网上。

A. 主控箱　　　　　　　　　B. 主电缆线

C. 控制线　　　　　　　　　D. 分控箱

45. 附着式升降脚手架首次安装完毕及使用前，都应按照（　　）进行检验，合格后方可使用。

A. 附着式升降脚手架首次安装完毕及使用前检查验收表

B. 附着式升降脚手架提升作业前检查验收表

C. 附着式升降脚手架下降作业前检查验收表

D. 附着式升降脚手架提升/下降到位作业前检查验收表

46. 脚手架检查验收的方法应按（　　）进行。

A. 逐层　　　　　　　　　　B. 两层

C. 三层　　　　　　　　　　D. 搭设完毕，统一验收

47. 搭设脚手架的场地，要求（　　）。

A. 平整　　　　　　　　　　B. 坚实

C. 排水措施得当　　　　　　D. 可以硬化

48. 附着式升降脚手架的竖向主框架、支撑桁架在组装时，允许采用（　　）组装连接。

A. 焊接　　　　　　　　　　B. 扣件

C. 铁线绑扎　　　　　　　　D. 14 号铁丝绑扎

E. 螺栓

49. 附着式脚手架的脚手板铺设应（　　）。

A. 严密　　　　　　　　　　B. 平整

C. 牢固　　　　　　　　　　D. 随意

50. 施工电梯与架体有以下（　　）关系。

A. 施工电梯贯穿架体

B. 施工电梯进入架体

C. 施工电梯不进入架体

D. 施工电梯进入架体一半

三、判断题（正确的打√，错误的打×）。

1. 《建筑施工特种作业操作资格证书》正本中必须注明证书使用期。（   ）

2. 特种作业操作资格证书有效期满需要延期的，持证人应当于期满前三个月向考核发证机关办理延期复核手续。（   ）

3. 班前安全教育的内容包括岗前安全隐患检查及整改。（   ）

4. 安全防护用品可以以实物、货币形式发放。（   ）

5. 安全帽使用时，允许在安全帽内再佩戴其他帽子。（   ）

6. 安全带上的各种部件不得任意拆除，更换新绳时要注意加绳套。（   ）

7. 支模板、砌筑、粉刷等立体交叉施工时，有些时间、场合允许作业人员在同一垂直方向作业。（   ）

8. 在施工现场的木工作业场所，严禁动用明火。（   ）

9. 施工现场常用的禁止标志是禁止吸烟标志和禁止通行标志。（   ）

10. 我国对严重危及生产安全的工艺、设备实行改进制度。（   ）

11. 雨期施工中使用的集体宿舍应由专人负责，夜间有人值班。（   ）

12. 以作业位置为中心，以可能坠落范围为半径围成的水平面积，是可能坠落范围。（   ）

13. 乙二胺引起火灾，要用泡沫、二氧化碳、干粉灭火器、砂土、雾状水灭火。（   ）

14. 连墙件连接脚手架与建筑物的部件，是脚手架既要承受、传递风荷载，又要防止脚手架在横向失稳或倾覆的重要受力部件。（   ）

15. 升降空隙、准备起用附着支撑处或钢挑梁处的混凝土强

度已达到设计要求的70%后，方可升降脚手架。（　　）

16. 附着式升降脚手架悬臂端的所有立杆采用对接扣件接长。（　　）

17. 在安装有辅助材料转运钢平台位置的附着式升降脚手架水平桁架向下移一个楼层高度，水平桁架连接点在主框架上。（　　）

18. 由两个片式结构组成的格构柱式框架采用偏心式与附着支撑相连接。（　　）

19. 防坠落装置是指防止架体在升降和使用过程中发生倾覆的装置。（　　）

20. 单跨互爬附着式升降脚手架在提升时晃动较大。（　　）

参 考 答 案

一、选择题

1. A；2. D；3. A；4. A；5. B；6. B；7. B；8. C；
9. C；10. A；11. C；12. A；13. A；14. D；15. A；
16. C；17. C；18. C；19. C；20. C；21. A；22. A；
23. D；24. C；25. D；26. D；27. A；28. D；29. A；
30. A；31. A；32. C；33. D；34. B；35. B；36. C；
37. A；38. B；39. B；40. B；41. C；42. B；43. A；
44. A；45. D；46. A；47. D；48. D；49. C；50. D

二、多项选择题

1. AC；2. ABD；3. ABCD；4. ACD；5. ACD；6. ABC；
7. ABCD；8. ABCDE；9. ABC；10. AB；11. ABC；
12. ABC；13. ABCD；14. ABCD；15. ABC；16. ABCD；
17. ABCD；18. ABCD；19. ABCD；20. ABC；21. ABCDE；
22. ABCD；23. ABC；24. ABCD；25. AD；26. ABCD；
27. BCD；28. ABCD；29. BD；30. ABCD；31. ABD；
32. ABCD；33. ABCDE；34. ABD；35. ABCD；36. ABCD；
37. ABCD；38. ABCD；39. BC；40. ABD；41. BC；

42. ABCD；43. ABCD；44. AD；45. ABCD；46. AD；
47. ABCD；48. ABE；49. ABC；50. ABCD

三、判断题

1. √；2. √；3. √；4. ×；5. ×；6. √；7. ×；8. √；
9. √；10. ×；11. ×；12. ×；13. √；14. √；15. ×；
16. √；17. ×；18. ×；19. ×；20. ×

引用标准和规范名录

[1] 《建筑施工脚手架安全技术统一标准》GB 51210—2016

[2] 《建筑结构可靠性设计统一标准》GB 50068—2018

[3] 《钢结构设计标准》GB 50017—2017

[4] 《混凝土结构工程施工规范》GB 50666—2011

[5] 《电弧焊焊接工艺规程》GB/T 19867.1—2005

[6] 《起重机械超载保护装置》GB 12602—2020

[7] 《高处作业分级》GB/T 3608—2008

[8] 《钢结构焊接规范》GB 50661—2011

[9] 《建筑施工高处作业安全技术规范》JGJ 80—2016

[10] 《建筑施工工具式脚手架安全技术规范》JGJ 202—2010

[11] 《建筑施工安全检查标准》JGJ 59—2011

[12] 《建筑机械使用安全技术规程》JGJ 33—2012

[13] 《建筑施工升降设备设施检验标准》JGJ 305—2013

[14] 《建筑施工用附着式升降作业安全防护平台》JG/T 546—2019

[15] 《建筑施工临时支撑结构技术规范》JGJ 300—2013